러시아
Russia

KB140388

신종태 교수의 테마기행

세계의 전쟁 유적지를 찾아서 ②

동유럽 · 남유럽 · 북아프리카

신종태 교수의 테마기행

세계의 전쟁 유적지를 찾아서 ②

동유럽 · 남유럽 · 북아프리카

신 종 태 저

청미디어
CHEONG MEDIA

이 책을 펴내면서

　어린 시절 필자는 6 · 25전쟁의 격전지였던 낙동강 근처 시골에서 성장했다. 당시 전쟁이 끝난 지 10여년이 지났지만 고향 산야에는 전쟁 상흔이 곳곳에 남아 있었다. 미군철모, 포탄탄피, 경비행기 바퀴 등은 유용한 생활도구로 사용되었다. 수업 시작과 끝을 알리는 초등학교의 종도 길쭉한 포탄 껍데기였다. 마을 주변 야산에는 교통호 흔적은 동네아이들의 좋은 놀이터가 되었고, 한여름 밤 정자에 모인 어른들은 수시로 전쟁참상과 피난길 고생담을 이야기 하곤 하였다. 집안 어른들의 대부분이 참전경험을 가지고 있었다. 아버지, 삼촌, 외삼촌 그리고 백마고지 전투에서 전상을 입은 고모부 등으로 인해 필자는 어린 시절부터 전쟁에 대한 호기심을 가질 수밖에 없었다. 결국 전쟁에 대한 관심과 위국헌신(爲國獻身)이라는 순수한 가치에 매료되어 필자는 군인의 길을 걷게 되었다.

　인간은 왜 전쟁을 하는 것인가? 인류기록 역사 3400여년 중 전쟁이 없었던 해는 불과 270여년, 총성이 단 한 번도 울리지 않았던 날은 3주에 불과하다. 지금도 중동, 아프리카, 아시아지역 일부에서 끝없는 전쟁의 소용돌이 속에서 많은 사람들이 죽어가고 있다. 군 생활 간 더더욱 전쟁사에 관심이 많아졌고 해외유학, 휴가기간 중에는 틈틈이 외국의 전사적지를 답사하였다. 전역 후 다소 시간적 여유를 가진 시기부터는 본격적으로 유럽, 중동, 아시아, 태평양 지역의 전적지를 다시 돌아보았다. 해외 단체여행 중에는 가끔 필사적으로 탈출(?)하여 그 나라의 군사박물관을 혼자 관람하느라 안내자의 눈총을 받기도 하였다. 아울러 평소 주말에는 낙동강, 금강, 섬진강 주변 전사적지와 백령도 등의 현지 방문으로 많은 사람들의 전쟁체험기를 듣기도 하였다.

　이런 답사를 통해 항상 느껴왔던 것은 전쟁으로 인해 우리 민족은 수많은 수난을 당했음에도 불구하고 이상하리만큼 전쟁에 대해 거의 관심을 가지 않는다는 것이었다. 필자는 세계 약 70여개 국가의 전쟁유적지를 방문하면서 단 한 번도 현장에서 한국인을 만나보지 못했다. 외국 전쟁기념관이나 전사적지 현장에서 일본인, 중국인들은 수시로 만날 수 있었다. 자연스럽게 대화를 나누다 보면 그들의 해박한 전쟁사 지식에 깜짝 놀란 경우가 한 두 번이 아니었다. 특히 한국전쟁에 대해 우리들보다 훨씬 깊은 지식을 가지고 있는 경우도 많았다.

　한국 초·중학생 약 절반이 70여 년 전의 6·25전쟁을 조선시대에 일어났던 사건으로 안다는 어느 일간지의 보도를 본 적이 있다. 그러나 영국의 경우 청소년들에게 제1·2차 세계대전에 관해 물어보면 대부분 정확한 역사지식을 이야기 하곤 한다. 어떤 학생들은 자신의 할아버지, 삼촌의 참전 경험과 심지어 할머니의 전시 생활상에 대한 상세한 이야기를 쏟아 내기도

하였다. 영국은 자기 조상들이 당당하게 침공군에 맞서 일치단결하여 전쟁에 임한 자랑스러운 승전의 역사를 끊임없이 가정, 학교, 사회에서 가르쳐 왔던 것이다.

그러나 아쉽게도 우리나라는 뿌리깊은 문존무비(文尊武卑)사상이 현재까지 수 백년 동안 계속되고 있다. 특히 전쟁을 대비하고 국가보위를 위해 헌신하는 무인을 존중하고 제대로 대우해 준 경우가 고려시대 이후에는 거의 없었다. 또한 "전쟁과 상무정신"을 논하는 것은 오히려 평화를 깨뜨리고 국민들에게 고통을 안겨주는 주장으로 매도하여 경계의 대상으로 삼는 분위기가 아직도 있다. 결국 이런 전쟁에 대한 잘못된 인식으로 인하여 17세기 조선은 임진왜란과 병자호란으로 백성들은 말할 수 없는 참혹한 전란의 고통을 당해야만 했다.

근·현대사에서도 우리 한민족은 다시 한 번 가시밭길을 걸었다. 일제 식민지 36년, 중일전쟁, 태평양전쟁 등 문약에만 흘렀던 우리 국민들은 그저 남의 전쟁에 위안부·징용노무자·강제지원병 형태로 성노예나 총알받이로 끌려 나가야만 했다. 이와 같은 형극의 역사를 경험했음에도 불구하고 오늘날의 우리 사회는 안타깝게도 점점 더 전쟁에 대해 무관심한 분위기에 젖어들고 있다. 남태평양의 괌·사이판·티니언 일대를 답사하면서 조선인관련 전쟁유적에 대한 현지인들의 이야기를 많이 들을 수 있었다. 특히 사이판 자살바위 근처에 외롭게 서 있는 망향의 탑(강제징용자 추모비)에는 태평양전쟁 시 일본군에게 강제로 끌려 온 선조들이 200여만 명에 달한다고 기록되어 있었다.

또한 70년 전 이 땅을 잿더미로 만들었던 6·25전쟁유적지도 전국에 곳곳에 산재해 있다. 그러나 아쉽게도 점점 더 이런 전사적지에 깊은 관심을 가지고 찾는 발길은 줄어가고 있다. 특히 최근 역사교과서 파동이나 이념논쟁에서 볼 수 있듯이 6·25전쟁을 통일전쟁 혹은 내전으로 규명하여 자유수호를 위해 목숨 바친 선열들의 희생을 애써 깎아 내리려는 듯한 분위기까지 있다. 결국 이런 왜곡된 역사인식의 확산은 급기야 신세대들에게 전쟁에 대한 부정적 생각을 갖게 만드는 계기가 되었다. 상대적으로 평화만을 부르짖는 자만이 이 시대의 선구자인양 인정받아 우리의 생존문제는 저만큼 뒤로 물러나고 오로지 "무상복지"가 전 국민의 관심사가 되고 말았다. "천하수안 망전필위(天下雖安 忘戰必危)"라는 격언이 말해주듯 전쟁을 잊은 국민은 언젠가는 반드시 수난을 당해 왔던 것은 역사의 진리였다.

빠듯한 일정으로 많은 국내·외 전사적지를 답사하면서 나름대로 정리한 글이라 다소의 오류가 있을 수 있음을 독자들에게 미리 양해를 구한다. 아무쪼록 본 책자가 가벼운 마음으로 읽으면서도, 한반도의 안보현실과 전쟁역사에 대해 많은 사람들이 관심을 갖는 계기가 되기를 바라는 마음이다.

한반도에서 전쟁의 영원한 추방을 염원하면서
저자 신 종 태

남유럽 Southern Europe

북아프리카 North African

Eastern Europe

동 유 럽

모스크바 붉은광장에서 독소전쟁 전선으로 출정하는 소련군

독소전쟁 4년 참상의 기록
모스크바 전쟁박물관

공산주의 종주국 소련은 '악의 제국'으로 불렸다. 1997년 프랑스에서 출간된 《공산주의의 검은 책(The Black Book of Communism)》은 세계 공산정권의 범죄를 최초로 폭로했다. 이 책은 20세기 약 9천만~1억 명의 고귀한 인명이 공산체제로 인해 희생된 것으로 밝히고 있다. 중국 마오쩌둥의 대약진운동 기근과 문화혁명에서 6천5백만 명, 소련의 대량학살 및 시베리아 유형으로 2천만 명, 캄보디아 2백만 명, 에티오피아 170만 명, 공산베트남 100만 명, 북한의 식량부족 아사자 300만 명이 포함된다. 소련은 1980년대 미국과의 군비 경쟁, 1990년대 경제파탄에 따른 개혁·개방으로 정권이 무너지기 시작했다. 결국 1991년 12월 31일, 스탈린 시대 이후 69년 동안 지속된 '소비에트 사회주의공화국연방'은 역사의 뒤안길로 사라졌다. 현재의 '러시아연방'은 인구 1억5천만 명, 국토면적 1,710만 Km², 연 국민개인소득은 1만 3천 달러 수준이다.

모스크바공항에서 만난 북한 해외노동자

30여 년 전 구소련은 '러시아연방'이라는 민주국가로 바뀌었지만 아직도 공산제국의 이미지가 많은 사람들에게 남아있다. 모스크바 '셰레메티예보' 국제공항 세관원들도 다소 무뚝뚝하게 느껴졌다. 특히 유니폼의 견장, 모표는 과거 소련제국의 것과 유사하다.

입국장을 나와 도심행 공항열차를 타고자 승강기에 들어서니 깡마른 동양인 세 사람이 있었다. 똑같은 방한복 차림의 사내들은 눈길까지 매서웠다. '북한 해외노동자'라고 느끼는 순간 섬뜩한 기분이 들었다. 방한복 안쪽 인민복 옷깃의 김일성 · 김정일 배지가 삐쭉이 내밀며 쳐다본다. 세 사람 가운데 혼자 서니 흡사 납치된 기분이다. 천정을 보며 무관심한 태도를 보이니 그들의 대화는 시작됐다. "내래 무릎이 아파 뼈주사를 맞아야하는데 돈이 없어야. 00동무도 돈이 없어 참고 있어." 주로 고된 노동으로 인한 질병 이야기다. 다 알아들면서도 모르는 체하는 것도 고역이었다.

이윽고 승강기가 3층에 도착하니 같은 복장의 또 다른 10여 명의 사내들이 필자를 맞이했다. 새까맣게 그을린 얼굴에 잔주름이 가득하다. 신속히 포위망을 벗어나 멀리서 지켜보니 2-3명씩 짝을 이루어 주변 상점을 기웃거린다. 추측건대 러시아 입국 혹은 출국을 위해 공항에 모인 북한 해외노동자들 같았다.

세계최대규모의 '대조국전쟁 승전기념관'

모스크바 중심지의 '승전기념공원' 끄트머리에는 하늘을 찌를 듯한 거대한 기념탑과 세계 최대규모의 전쟁박물관이 있다. 러시아인들은 나폴레옹전쟁을 '조국전쟁', 독소전쟁을 '대조국전쟁'이라고 부른다.

모스크바 대조국전쟁 승전기념공원/ 멀리 기념탑과 전쟁박물관이 보인다

1941년 겨울 소련 · 독일군 간의 레닌그라드 공방전 전경

박물관 안의 수십 개 전시실에 제2차 세계대전 주요 전투자료가 발발 순서대로 진열되어 있다. 각 방에는 빨간 유니폼의 나이 지긋한 여성들이 전쟁화, 사진, 전시생활에 대해 친절하게 설명해 준다. 특히 900일간의 '레닌그라드 포위전' 참상을 이렇게 전해주었다.

러시아인들에게 레닌그라드(현 상트페테르부르크)전투는 한 편의 영웅적인 전쟁 서사시로 기억된다. 1941년 9월, 독일군은 이 도시를 포위했다. 비축식량과 연료는 얼마 되지 않았고 외부 연결은 비행기와 얼어붙은 주변 호수의 수로밖에 없었다. 시민과 병사들의 놀라운 투혼으로 독일군의 집요한 공격을 거의 3년 동안 막아냈지만 100만 명이 굶어 죽었다. 기아선상의 시민들은 가죽장화와 톱밥까지 끓여 먹고, 망가진 가구에서 아교를 긁어내 수프를 만들었다. 어느 도시에나 득실거리는 쥐조차 이곳에서는 멸종했다. 전시실에서 쥐 1마리를 들고 환호하는 어느 가정집의 그림을 안내원 설명을 듣고서야 이해할 수 있었다. 전쟁은 이처럼 비참하고 처절하다.

스탈린 방심이 불러온 독소전쟁의 초전 패배

1940년대 스탈린은 이상하리만큼 '독소불가침조약'을 깊이 신뢰했다. 독일 침공 가능성에 대해 숱한 경고가 있었지만 이를 철저히 무시했다. 심지어 전쟁 직전 "독일에게 침략 빌미를 제공할 일체의 군사행동을 금지한다."라며 방어 준비를 못하게 하는 어처구니없는 지시까지 내렸다.

1941년 6월 22일 새벽 4시, 독일군은 완벽하게 소련을 기습 공격했다. 개전 3주 만에 소련군 170만 명이 포로가 되고, 800대의 전투기가 이륙 전에 박살났다. 전선의 탄약고·보급창고는 문을 열어보기도 전에 독일군에게 점령당했다. 스탈린은 '나폴레옹전쟁' 승리를 인용하면

전쟁박물관 야외전시장의 소련군 대형 열차포

서 국민들의 애국심에 불을 붙였다. 자원입대 청원이 쏟아졌고 도시 방어에는 병사뿐만 아니라 모든 시민이 동참했다. 4년간 계속된 전쟁 결과는 참담했다. 국가자산의 1/3이 파괴되고 소련인 2,700만 명이 죽었다. 제2차 세계대전 사망자 5,000만 명 고려 시 엄청난 피해였다. 그러나 소련은 전쟁 후 연합국 승리에 가장 크게 기여한 국가라는 명분으로 세계 강대국 위치를 확고하게 굳힐 수 있었다. 거의 반나절에 걸친 실내 전시실 관람 후 밖으로 나오니 광활한 야외 전시장에는 전쟁 중 소련 육·해·공군이 사용한 엄청난 무기류가 줄지어 있었다.

미래 국가간성의 꿈을 꾸는 소년군사학교 생도

전쟁박물관을 막 나오는 순간 군복 차림의 어린 청소년과 학부형들이 무리지어 몰려들었다. 학생 밴드부까지 동원된 소년군사학교의 전통적인 입교식 행사란다. 국가간성의 꿈을 가진 중학교 졸업생들이

전쟁박물관 전사자추모실에서의 소년군사학교 신입생도 입교 선서

소년군사학교 남녀 생도들의 입교식 기념 단체사진

군사훈련을 병행하는 고교과정을 스스로 선택한 것이다. 군 정복차림의 장교들이 행사를 주관했다. 엄격한 군대식 기숙사 생활과 힘든 야외 군사훈련은 자유분방한 신세대에게는 어울리지 않을 것 같았다. 하지만 전국 수십 개의 소년군사학교로 매년 우수한 러시아 남녀 중학생들이 몰린단다. 미국을 포함한 군사강국들은 이처럼 우수 국방인력 선발에 엄청난 관심을 가진다.

졸업 후 이들은 일반대학, 사관학교 진학을 스스로 자유롭게 선택한다. 물론 군 간부 지원 시 일부 선발 우선권이 주어진다. 재학 간 정부 지원을 받는 학교도 있지만 순수 자비부담 학교들도 많다. 과거 전쟁역사를 잊지 않고 조국수호의 험난한 길을 기꺼이 감수하겠다는 어린 학생들을 보니 군사강국의 전통은 결코 하루아침에 이루어질 수 없다는 것을 느꼈다.

냉전시대 장비와 무기가 총망라 된
러시아 군사박물관

1917년 소련 공산혁명 이후 74년 동안 공산주의자들의 이상향은 무엇이었던가? 그들이 부르짖는 정의 · 평등을 위해 피비린내 나는 투쟁과 전쟁이 뒤따랐다. 하지만 공산권 붕괴 후 '평등하고 정의로운 사회 건설'이라는 신앙은 모두 헛된 것임이 증명됐다. '노동자 · 농민의 천

모스크바 성에 전시된 '황제의 대포'/ 구경 890mm, 제작년도는 1835년으로 표기되어 있다.

국'에서 정작 노동자 · 농민이 가장 힘든 삶을 살아야했다. 또한 대부분의 공산국가들은 거대한 병영체제로 국민을 꽁꽁 묶어 감시했다. 1980년대 소련군 병력은 지상군 200만 명, 공군 50만 명과 해군 · 방공군 · 공정군 · 전략로켓군을 포함하여 수백 만에 달했다. 현재 현역 128만 명, 예비전력 762만 명을 가진 북한도 예외가 아니다. 오늘 날의 러시아군은 현역 831,000명, 준군사부대 659,000명, 예비군 200만 명의 병력을 보유하고 있다.

냉전시대 장비와 무기가 총망라된 군사박물관

Trip Tips

모스크바 지하철은 마을버스로 편리하게 연결되어 있다. 특히 소형버스가 아파트 구석구석을 다니며 주민들을 전철역까지 실어 나른다.

줄지어 서있는 마을버스를 편안한 마음으로 탔다. 당연히 전철역으로 갈 것으로 생각했는데 어쩐지 차내 분위기가 이상하다. 승객 대부분이 비슷한 연령층이고 복장까지 간편했다. 알고 보니 인근 공장 출

중앙군사박물관 앞 전사자 추모의미를 가진 철모조형물

근버스란다. 하마터면 공장으로 가서 종일 본의 아닌 알바를 할 뻔 했다. 마을버스와 섞여 있으니 헛갈릴 수밖에….

모스크바 중앙군사박물관은 주로 독·소, 아프간, 체첸전쟁 등 1940년대 이후의 전쟁역사 전시물이 펼쳐진다. 야외에는 대형화포, 항공기, 대륙간 탄도탄 등 냉전시기의 장비·무기류가 진열되어 있다. 특히 박물관 앞 수십 개의 철모 조형물과 소련군 특수부대 '스페츠나츠'기념비가 인상적이다. 소련의 아프간전 역시 '스페츠나츠'가 선봉에 섰다.

1979년 12월 24일, 아프간 카불에 관광객으로 위장한 소련 특수부대원 100여 명이 은밀하게 입국했다. 12월 25일 저녁, 소련대사관 파티에 아프간 고위 장성들이 대거 초대되었다. 한창 주흥이 무르익을 무렵 갑자기 무장군인들이 쏟아져 들어왔다. 일부 장성들이 권총으로 저항하자 파티장은 순식간 피바다로 변했다. 다음 날, 아프간정부가 혼란에 빠져 있을 때 특수부대원들은 대통령궁을 습격했다. 작전팀이 받은 명령은 "움직이는 것은 무엇이든지 사살하라."는 것이었다. 경호부대의 필사적인 저항은 중무장한 소련공수부대 증원으로 제압했다.

중앙군사박물관 앞 소련군 특수부대 기념탑에 전몰장병 추모꽃이 놓여져 있다.

결국 반소정책을 유지하던 아민정권은 하루아침에 무너졌다. 소련특수부대의 이같은 비밀작전은 최근의 체첸·크림전쟁에서도 예외 없이 시행되었다.

러시아 상징 붉은광장과 모스크바성

Trip Tips

모스크바를 처음 찾는 사람들이 빠지지 않고 들리는 곳이 붉은광장이다. 모스크바성, 크레믈린, 레닌묘 등이 모두 이곳에 모여 있다. 구소련시절이나 현재도 대규모 군사퍼레이드와 같은 국가행사는 이 곳에서 개최된다.

모스크바성은 최초 1147년 '돌고루키' 대공이 강 언덕에 목책으로 지은 작은 요새였다. 15세기경에는 '이반' 대제가 두터운 벽돌성채로 다시 축성했다. 이 성은 1812년 나폴레옹에게 점령당했지만 자신을 불태워 고통 속에서 승리의 영광을 얻었다. 높이 9~20m의 성벽 절반

모스크바성과 붉은 광장 전경

은 강변을 따라 세워져 지형의 유리점을 최대한 활용했다.

성곽 내부에는 찬란했던 러시아역사를 보여주는 관광명소들이 있다. 보석박물관, 무기박물관, 마차박물관, 러시아정교회, 병기창 등등. 특히 제국의 힘을 상징하는 '황제의 대포' 옆에는 나폴레옹전쟁 당시 노획한 프랑스군 화포들이 숨죽이며 늘어서 있다. 흔히 '크래믈린'이라 불리는 대규모 건축물은 현재도 대통령궁을 포함한 정부청사로 활용되고 있다.

러시아인을 하나로 묶은 나폴레옹전쟁

모스크바 전쟁역사박물관은 러시아의 대외투쟁사를 시대순으로 보여준다. 그 중 '조국전쟁'으로 불리는 나폴레옹전쟁을 파노라마식 그림으로 묘사한 전시관이 압권이다.

1812년 6월 중순, 프랑스·오스트리아·프로이센 등 12개국의 원

전쟁영웅 동상 뒷편의 모스크바 전쟁역사박물관 전경

군 약 60만 명이 러시아를 침공했다. 그들은 가벼운 여름옷만 걸쳤고 모스크바만 점령하면 전쟁은 끝날 것으로 생각했다. 러시아군은 후퇴를 거듭하면서도 가축, 곡물, 가옥을 모조리 태웠다. 드디어 모스크바를 점령했지만 얻을 수 있는 것은 아무것도 없었다. 러시아의 '지독한 혹한'이 들어 닥치자 프랑스군은 모스크바 입성 한 달 만에 퇴각했다. 병사들은 쓰러진 전우의 옷을 벗겨 입고 죽은 말의 고기를 씹으며 필사적으로 탈출했다. 살아 돌아간 자는 3만에 불과했다.

나폴레옹 침공에 맞서 러시아인들은 신분에 관계 없이 하나로 뭉쳤다. 귀족들은 짐승같은 대접 밖에 받아본 적이 없는 농민들이 조국을 위해 헌신하는 모습을 보고 큰 감동을 받았다. 대농장를 가졌던 톨스토이 역시 세계적 문학작품 '전쟁과 평화'에서 이 전쟁승리의 주역은 장군들이 아니라 민중과 평범한 병사들이었음을 그리고 있다.

구 소련은 미국에 버금가는 막강한 군사력을 갖춘 국가였다. 지금도 국민들 마음속에는 과거 세계강국이었던 옛 제국에 대한 강한 자부심

세계 최대 규모를 자랑하는 모스크바 국립대학

을 가지고 있다.

러시아는 비록 경제적으로는 쇠락하였지만 군사강국의 지위만큼은 끝까지 유지하고 있다. 특히 군 간부 선발·교육체계에 타국의 추종을 불허할 정도로 심혈을 기울였다. 2000년대 초까지 부사관·장교의 양성·보수교육학교 190개소, 소년·민간군사학교 50여 개소를 운영했다. 대부분의 군사학교 교육기간은 최소 2~4년. 또한 러시아대통령은 매년 각 군사학교 우수졸업자 및 총참모대학(대령·장군급 교육)학생들을 대통령궁으로 초대하여 직접 격려한다.

러시아인재들이 모인다는 모스크바국립대학 역시 세계최고의 교육시설과 규모를 자랑한다. 1755년 설립된 이 대학 재학생은 47,000여명. 수많은 과학자·수학자들을 배출했고 노벨수상자도 11명이나 나왔다. 이처럼 교육은 투자하는 만큼 확실하게 미래 결실을 보장한다. 학교 내부관람은 최근 빈발하는 테러 등으로 교직원·학생 외 외부인은 엄격하게 통제하고 있었다.

인류 최악의 전투현장
'스탈린그라드' 전쟁유적

스탈린그라드는 '스탈린의 도시'라는 뜻이다. 모스크바 동남쪽 900Km 떨어진 '볼가' 강변의 이 도시는 현재 '볼고그라드'로 불린다. 1917년 공산혁명 당시 인민위원 '스탈린'은 이 지역에서 백군 코사크기병대를 격파하는 전공을 세웠다. 그는 이곳을 완전한 계획도시로 만들어 자신의 이름을 붙였다. 한편 독소전쟁 시 히틀러는 석유자원이 풍부한 코카서스 확보를 위해 그 관문인 스탈린그라드를 반드시 점령해야만 했다. 더구나 '스탈린' 이름이 들어간 이 도시를 점령한다면 '전쟁승리'라는 상징성까지 가질 수 있었다. 1942년 6월말부터 1943년 1월까지 무려 7개월 동안 독일·동맹군과 소련군·노동자들이 스탈린그라드와 볼가 강 주변에서 격돌했다. 쌍방 약 200만 명의 전사상자가 생겼고 전쟁역사에서 단일 전투로는 가장 컸다. 특히 독일군 항복 후 시베리아수용소로 끌려간 95,000명 포로들 중 살아 돌아간 사람은 5,000명에 불과했다.

볼가 강변 '영웅의 거리'에 세워진 기념비 전경

'스탈린그라드' 그 격전지 분위기

모스크바에서 1시간 30분을 날아가 내린 스탈린그라드 시골비행장은 너무나 초라했다. 터미널을 나오니 흡사 시골 장터 분위기다. 우중충한 겨울 날씨에 시내행 버스조차 타기 쉽지 않다. 택시와 개인영업 승용차가 뒤섞인 승강장으로 갔다. 요금흥정은 1,000루블(한화 18,000원)부터 시작되었다. 러시아 분위기상 바가지요금은 당연한 것. 차 안에 요금계산기 자체가 없다. 눈을 질끈 감고 사정없이 반값을 불렀다. 몇 번 흥정이 오고간 후 600루블에 시내까지 가기로 했다. 과거 이 지역에서 수십만이 목숨을 잃었다는 선입감 때문인지 음산한 회색빛 도시처럼 느껴졌다.

웅장한 5층 석조건물 '볼고그라드'호텔은 겨울 비수기라 투숙객을 찾아 볼 수 없다. 하필이면 배정된 방도 1층 프론트에서 한참 떨어진 4층 구석이다. 문을 꽁꽁 잠그고 썰렁한 침대에 누웠지만 잠이 오지 않는

스탈린그라드 전투동안 파괴된 공장건물. 전승기념관 옆에 보존되어 있다.

다. 바로 이 호텔도 전쟁 중 아래층·위층이 피아로 구분되어 처절한 전투가 벌어졌을 것이다. 혹시 아직도 구천을 떠도는 귀신이 있다면…. 다음 날 아침 기상과 동시에 프론트 옆으로 방을 얼른 옮길 수밖에 없었다.

볼가 강, 도시 거리 그 자체가 전쟁 유적지

"드브로예 우뜨르(좋은 아침입니다)!" 러시아어 아침인사에 프론트 아가씨가 환하게 웃으며 시내 답사코스를 친절하게 알려준다. 이 도시전체가 전쟁 유적지란다. 볼가 강 주변은 영웅거리, 전쟁조각상, 파괴된 공장건물, 전승기념관 등이 늘어서 있단다.

강변 영웅거리에는 무공훈장 부조상과 수많은 이름이 빼곡히 적힌 석판이 줄지어 있다. 선착장에서 볼가 강을 보니 얼음만 둥둥 떠다닌다. 전쟁 당시 도시의 소련군 저항 거점에 강의 서안에서 매일같이 병력·물자가 보충됐다. 신병들은 강을 건너는 동안 독일공군 폭격으로 약 25%가 수장되었다. 물에 빠진 생쥐 꼴의 병사들이 맞은 편 언덕에

스탈린그라드전투 간 볼가 강을 건너오는 소련군

도착하기 무섭게 또 절반이 적탄에 맞아 쓰러졌다. 무사히 방어진지
에 투입된 병력은 출발 인원의 40%를 밑돌았다.

전승기념관에 들어가니 해설사 유리(남, 30세)가 반갑게 맞이한다. 한국
인이라고 하니 한국정부가 보내준 선물코너가 있다며 안내한다. 긴가민가
하며 따라가니 1959년 김일성이 보낸 '소련군의 영웅적 공적을 치하한다.'
라는 글귀가 적힌 대형 수치가 걸려 있었다. 지구 반대편 대한민국역사에
대한 해설사의 소양부족을 탓할 수는 없었다.

독소전쟁! 그 전세를 바꾼 전투 현장

기념관에는 시가지 전투와 전쟁영웅 전시물이 많았다. 이빨로 전화
선을 물어뜯어 연결 후 죽어간 통신병, 전선참호에서 50명 병사를 구
하고 전사한 여자군의관 등 숱한 사연이 담긴 사진·유기물이 전시관
을 메웠다.

볼가 강변의 스탈린그라드 전승기념관 전경

102고지 정상 지하의 전몰장병 추모살 전경. 2명의 의장병은 마네킹이다.

스탈린그라드 시내 중심부는 어느 쪽이 점령했다고 말할 수 없을 정도로 혼전이 계속 되었다. 골목 하나 사이를 두고 실탄이 떨어진 양국 병사들이 서로 벽돌조각을 던지는 웃지 못 할 광경도 벌어졌다. 7개월 간 전투는 1942년 12월 23일 소련군이 독일군 265,000명을 역포위하면서 반전됐다. 영하 40도 혹한 속의 독일군 처지는 비참했다. 축복받은 크리스마스 날 1,280명이 굶어 죽고, 장병 절반이 동상으로 손발가락을 잃었다. 결국 독일군사령관 파울루스는 히틀러 명령을 거부하고 1943년 1월 31일 항복했다. 이 전투 이후 독일군은 한 번도 소련군을 이겨본 적이 없다. "스탈린그라드!" 그 한마디만으로도 소련군병사들의 사기는 충천했고 전의가 저절로 불타올랐다.

신혼부부 사진 촬영지 전몰장병 추모실

스탈린그라드에는 해발 102m 언덕이 있다. 전쟁 당시 양측이 고지 쟁탈을 위해 사력을 다한 격전지다. 정상에는 긴 칼을 치켜든 거대한 '러시아 여인상' 이 있고 지하에는 전몰장병 추모공간이 있다. 24시간 꺼지지 않은 "영원의 불꽃" 과 전사자명단이 벽면을 가득 채우고 있다. 이런 전쟁유적지가 러시아 신혼부부의 결혼기념촬영 1순위라고 한다.

공원계단을 내려와 작은 식당에 들어가니 메뉴판이 그림 1장 없이 모두 러시아어로 쓰여 있었다. 여종업원과의 영어소통은 처음부터 불가했다. 서로 눈만 멀뚱멀뚱 쳐다본다. 하는 수 없어 "음~매"하는 소울음소리를 내니 순간 "스테이크(Steak)!"라는 반응이 튀어 나왔다. 이윽고 쇠고기 한 조각만 나왔고 추가반찬은 아무것도 없다. 내친 김에 "포테이토(Potato)"라고 소리치니 그 여자는 웃음을 머금는다. 잠시 후 삶

전쟁기념공원 광장에서 구소련군 복장·장비를 관광상품화하고 있다

은 감자를 으깨어 가져왔다. 그러나 얼마나 소금을 뿌렸는지 너무 짜서 도저히 입을 댈 수 없었다. 식당을 나오니 군복차림의 사내가 자동소총과 구소련국기를 들고 군용지프차를 배경으로 사진촬영을 권한다. 2,000루불만 내면 실탄사격과 지프차 시내관광까지 가능하단다. 74년 공산주의의 종말을 보는 것 같아 씁쓸했다.

　모스크바행 공항 출발청사에는 "독소전쟁 소련공군전시실"이 있었다. 치열했던 공중전투사와 관련사진이 정리되어 있다. 아직도 러시아인들은 '위대한 대조국전쟁승리'를 영원히 기억하고자하는 강렬한 마음이 남아 있는 듯 하였다.

러시아함대 발진기지
'상트페테르부르크' 군항

    러시아 함대 발진기지이며 발트 해의 숨구멍과 같은 상트페테르부르크! 소비에트연방 시기에는 '레닌그라드'로 불린 도시다. 러시아개혁을 이끈 표트르 1세가 심혈을 기울여 만든 이곳은 한 때 러시아 수도(1712~1918)였다. 도시설계는 표트르가 흠모했던 네덜란드의 암스테르담을 본떴다. 깨끗한 거리, 거미줄 같은 운하, 고색창연한 근대건물들이 돋보인다. 한편 러시아 운명을 결정했던 공산혁명현장, 대조국전쟁, 공산주의박물관 등의 역사유적과 포병 · 기갑박물관, 퇴역함정전시관, 해군박물관, 군진의학박물관, 레닌그라드전투기념관 등 군사 유적들도 즐비하다. 또한 여름 · 겨울궁전, 그리스도 부활성당, 러시아박물관 등 제국의 찬란했던 영광을 느낄 수 있는 관광 명소도 많은 도시이다.

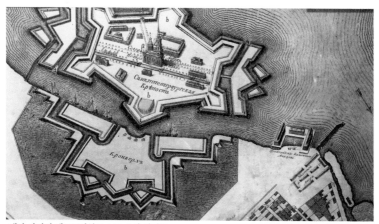

네바 강변의 페트로파블로스크 요새 설계도

선진문물을 배우고자 조선소 목수가 된 표트르

1697년 봄, 한 무리의 러시아인들이 서쪽으로 가고 있었다. 마부, 난쟁이 나팔수, 멋진 관복차림의 귀족들이 뒤섞인 희한한 행렬이다. 이들 중에는 러시아 차르 중 최초로 해외를 순방하는 '표트르 미하일'도 끼어 있었다. 그는 애써 초라한 차림으로 신분을 숨기려 했으나, 2m가 넘는 훤칠한 키로 쉽게 사람들 눈에 띄었다.

그들은 표트르 1세의 서유럽시찰 대사절단이었다. 이들은 여러 나라를 돌아다니며 선진문물을 배우고 익혔다. 특히 어느 누구보다도 표트르가 가장 열심이었다. 프로이센 포술훈련, 영국의 최신 항해기술과 더불어 네덜란드에서는 아예 조선소 목수로 취직해서 선박건조술을 배웠다. 14개월 여행 중 그는 모든 허례허식을 버리고 발달된 과학과 선진문명을 배웠다. 표트르는 어려서부터 고루한 인습의 올가미를 벗어버리고 러시아를 훌륭한 나라로 만들어야 한다는 소명을 자각했다.

수많은 사람들이 동원되어 강변요새를 축성을 하는 전경

귀국 후 표트르는 가장 먼저 강력한 군대 건설에 박차를 가했다. 귀족의 군복무면제를 폐지하고 농민과 똑같이 병역의무를 부과했다. 교회의 종을 녹여 대포를 만들고 유능한 외국 장교들을 초빙하여 군사교범을 근대화했다. 심지어 '차르폐하를 위하여!' 구호를 '나라를 위하여!'로 바꾸어 국가 정체성을 높였다.

페테르부르크 건설 첫 삽을 뜬 황제

1703년 표트르는 네바 강 하구에 신도시를 건설하기 시작했다. 땅은 습하고 파도가 거칠며 혹독한 추위가 몰아치는 황야였다. 수만 명이 요새와 조선소를 건설하고 귀족들을 강제로 이주시켜 석조저택을 짓게 했다. 1712년 마침내 민중의 숱한 해골을 바닥에 깔면서 도시가 완성됐다. 수도는 모스크바에서 상트페테르부르크로 이전했다.

또한 러시아는 1709년부터 시작된 스웨덴과의 10년 이상의 북방전쟁에서 승리했다. 표트르는 발트 해 연안을 영구히 확보했고 서유럽으로 창을 뚫으려는 오랜 숙원을 이루었다. 러시아는 당당히 열강 대열에 올라섰고 이 나라를 빼고서는 유럽의 일을 논할 수 없게 되었다. 그러나 선조들의 피와 땀, 눈물로 건설했던 대제국도 귀족들의 탐욕과 사치, 계층갈등이 공산혁명을 가져와 결국 역사발전의 수레바퀴를 거꾸로 돌리고 말았다.

러시아의 '바스티유'로 변한 난공불락 요새

이 도시에는 라도가 호수에서 발원한 넓은 네바 강이 있다. 예로부터 이곳은 발트 해 제일의 무역항이다. 대형 선박 항행이 가능하고 모스크바–볼가 강–흑해를 잇는 중요한 수상 교통로이기도 하다. 강변에는 수많은 대형군함, 잠수함들이 계류되어 있으며 러시아해군본부도 이 도시에 있다. 강 하류를 벗어나면 발트 해를 거쳐 북대서양으로 나갈 수 있다. 1904년 러일전쟁 당시 일본해군에게 본 때를 보여주겠다며 의기양양하게 대함대가 출항했던 곳이다.

네바 강에 정박한 러시아 발트함대 군함

강 건너편에는 내륙으로 접근하는 모든 선박을 완벽하게 통제할 수 있는 '페트로파블로스크 요새'가 버티고 있다. 1703년 가을, 이 성채는 전투준비를 위해 목재와 흙으로 긴급하게 축성했다. 그 후 표트르와 프랑스 장군의 지도하에 방벽과 다양한 건물들이 들어섰다. 1787년에는 화강암으로 완벽한 요새를 완공했다.

하지만 이 철옹성은 단 한 번도 실전 경험을 못했다. 결국 철벽요새는 '러시아의 바스티유'로 변했다. 1718년 3월, 아이러니하게도 표트르 1세의 장남 알렉세이가 아버지 개혁정치에 반대하다가 이곳에 갇혔다. 그는 끔찍한 고문으로 독방에서 목숨을 잃었다. 일설에는 '아버지가 아들을 목 졸라 죽이라'는 은밀한 지시가 있었다고 한다. '러시아판 사도세자' 역사다. 권력속성은 이처럼 비정하다. 이후 수많은 정치범, 자유사상가들이 수감되었다. 급기야 1900년대 초 공산당원, 혁명가들이 갇혔지만 1917년 공산혁명 이후에는 거꾸로 차르체제의 황실가족, 정부 관료들의 감옥이 되었다. 훌륭한 전투시설은 긴 복도를 가

네바 강변요새 아래에서 여가를 즐기는 시민들

진 음침한 감옥으로 개조되었고, 감방 벽면에는 유명 수감 인사들의 사진이 있다. 찬찬히 요새 내부를 돌아보면 표트르 1세 무덤, 북방전쟁 승리기념아치 등 러시아제국의 영욕을 느낄 수 있는 의미있는 역사유적지이다.

단 한발의 함포 공포탄으로 공산혁명 성공

요새 주변 헬기장에서는 구소련군 수송헬기가 요란한 굉음을 내며 쉴 새 없이 뜨고 내린다. 무장병력 대신 여행객을 태워 시내상공을 도는 관광 상품이란다. 가까운 거리에는 포병 · 기갑역사박물관과 공산혁명부터 소련몰락 과정을 보여주는 공산주의박물관도 있다.

1917년 10월 초, 볼셰비키혁명 반대파 주력은 시내 중심부 겨울궁전에 포진했다. 수비군 주력은 사관생도와 여군이었다. 볼셰비키 군은 네바 강의 군함 '아브로라'호를 궁전 가까이 접근시켰다. 그리고 항복하지 않으면 '포격으로 불바다를 만들겠다.'라고 위협했다. 사실 함정에는 단 한 발의 포탄도 없었다. 수비군 사기는 지원군 증원이 불가

10월 혁명기념관 및 함상박물관으로 활용되고 있는 '아브로라'호.

함을 알고 극도로 저하되어 있었다. '아브로라'호가 단 한 발의 공포탄을 발사하자 놀란 수비군은 도망치고 말았다. 무혈 입성한 볼세비키 군은 러시아 전국으로 공산주의를 확산하기 시작했다. 결국 1차 세계 대전에 이어 5년 간의 적백 내전으로 약 1,300만 인민들이 목숨을 잃었다. 현재 이 군함은 10월 혁명의 가장 핵심적인 상징물이 되어 네바 강변의 기념물로 남아있다.

봉쇄된 레닌그라드,
겨울 굶주림에 100만이 사라졌다

상트페테부르크 공항 길목에는 레닌그라드전투기념관과 추모광장이 있다. 1941년 3년 동안 독일군 포위 속에서 끝까지 저항했던 불굴의 역사를 가진 이 도시에는 해군본부 및 군사학교, 해군박물관 등의 군사유적이 많다. 러시아는 19~20세기를 거치면서 나폴레옹전쟁 · 러일전쟁 · 제1,2차세계대전 등 숱한 전쟁을 경험했다.

러시아인들은 허울 좋은 말만으로 결코 전쟁에 대비할 수 없으며 실질적인 예산투자와 우수 국방인력 양성이 더 중요하다는 것을 깨달았다. 네바 강 옆 웅장한 건물과 넓은 부지의 국방의과대학이 그 사례처럼 느껴졌다. 또한 도시 곳곳의 전쟁기념비, 전시사용벙커와 전장실상을 보여주는 군진의학박물관에서 과거 전쟁교훈을 잊지 않으려는 러시아인들의 의지를 엿볼 수 있었다.

1800년대 상트페테르부르크의 러시아 해군본부 전경

자신 잘못을 인정하는 정직한 러시아청년

러시아 황제 니콜라이 2세 초상화

포병·기갑박물관을 관람 후 예약 숙소를 미리 확인하려고 택시를 기다렸다. 30분을 기다려도 단 한 대의 택시도 지나가지 않는다. 지켜보던 중년의 러시아인이 친절하게도 택시를 불러주었다. 콜택시를 상상했는데 엉뚱하게 일반승용차가 왔다. 운전기사는 나이 어린 청년이다. 그의 본업은 관광가이드이나 틈틈이 자가용 택시운전으로 추가 수입을 얻는다고 한다.

하지만 시내 지리를 잘 몰라 한참을 헤매다가 겨우 목적지에 도착했다. 약속된 요금을 건네자 자기 때문에 너무 많은 시간을 허비했다며 일부 돈을 돌려준다.

 해외여행 중 택시기사가 별의별 핑계로 추가요금을 더 요구하는 경우는 허다하다. 그러나 자신의 실수를 인정하며 요금을 더 적게 받겠다는 경우는 처음 경험했다. 어느 나라나 기성세대보다는 젊은 신세대가 더 정직한 것 같았다.

선조들의 투혼을 전하는 레닌그라드전투기념관

레닌그라드전투 추모광장에는 군관민이 어우러진 기념동상이 있다.

쓰러진 남편을 안고 울부짖는 아낙네, 굶어 죽어 축 늘어진 아기를 안고 있는 엄마의 모습은 참혹했던 당시 상황을 상상케 한다. 지하전시관은 극한의 굶주림 · 추위와 사투를 벌였던 시민들의 사연과 전쟁 유기물들이 진열되어있다.

적에게 봉쇄된 도시에서 빵은 노동자는 일일 230g, 사무원 · 아이는 그 절반이 지급됐다. 생명유지 최소 필요량의 1/3수준이었다. 1941년 12월에는 일일 최대 50,000명의 아사자가 생겼다. 인육을 먹기 위한 살인사건이 빈번하게 일어났다. 거리에서 어린이들이 사라졌고 이웃은 서로 의혹과 경계의 눈초리를 늦추지 않았다. 석유 · 석탄 공급이 끊기고 수도가 얼어붙었다. 해골같이 바싹 마른 여성들이 강물을 뜨고자 몰려 다녔다. 1941년 겨울 동안 공식적인 레닌그라드 사망자는 264,000명. 그러나 실제로는 100만 명이 훨씬 더 넘을 것으로 추산되고 있다.

레닌그라드전투 기념관 광장의 전몰자 추모동상

상트페테르부르크 러시아 해군역사박물관 전경

해군역사박물관의 발트함대 출정 기록

미로처럼 얽혀있는 도시 운하 옆의 해군박물관은 러시아 역사와 한반도 운명을 결정했던 러일전쟁 전시물이 많았다. 패전역사에서 교훈을 얻고자하는 러시아는 당시의 전쟁을 객관적이고 냉정하게 평가하고 있었다.

1904년 1월 26일, 한반도와 만주지배권을 두고 일본군이 뤼순항 러시아함대를 기습공격하면서 전쟁은 발발했다. 1904년 8월 10일, 러시아황제 니콜라이 2세는 발트함대의 극동파견을 두고 군 수뇌부와 의논했다. 18,000 해리 떨어진 극동까지 40여 척의 대함대를 보내는 것은 모험이었다. 이미 황제는 '가면 분명히 이긴다.'는 근거 없는 막연한 생각을 가지고 있었다. 많은 장군들은 '함대파견은 러시아의 파멸이 된다.'라는 사실을 알면서도 아무도 반대하지 않았다. 국가존망보다는 자기의 지위보존에 더 관심이 많았던 것이다. 함대사령관은 함상 근무 경력이 거의 없는 '로제스트벤스키'제독이 임명되었다.

1904년 10월 15일, 발트함대는 출항했지만 수병들의 전투 기량은 미흡했고 사기는 저조했다. 항해 중 영국 어선단을 적으로 오인하여 집중포격을 퍼붓기도 했다. 이 사건으로 영국은 동맹국 일본에게 러시아군 정보를 더 적극적으로 제공했다. 이에 비해 일본의 전략은 교활하면서도 치밀했다. 유럽 암약 정보장교들이 폴란드 · 핀란드인들에게 러시아에 대항하는 독립운동을 부추겼다. 엄청난 자금을 러시아 반체제단체에게 지원했고, 영국을 움직여 발트함대의 아프리카 항구 기항과 석탄공급을 차단했다.

1905년 5월 27일, 7개월 항해로 기진맥진한 발트함대가 쓰시마근해에서 일본해군과 격돌했다. 결과는 일본군의 압승. 러시아군 대 · 소형군함 21척 침몰, 7척 투항, 10척은 도주했다. 5,000명이 전사하고 6,100명이 사로잡혔다. '로제스트벤스키'제독 역시 중상을 입고 포로가 되었다. 일본군 피해는 전사자 1백 수십 명, 소형 어뢰정 침몰 4척 뿐이었다.

1905년 10월 14일, 미국이 중재한 포츠머스조약으로 전쟁은 끝났다. 그 결과 러시아제국은 쇠락했고 대한제국의 주권은 일본에게 넘어갔다. 한국과는 아무 상관없는 전쟁이었지만 그 피해는 고스란히 우리민족이 뒤집어썼다. 이처럼 인류역사에서 자국 혹은 주변국 전쟁 결과는 다음 세대의 운명을 결정지어 왔다.

실전 경험 바탕으로 설립한 국방의과대학

전쟁터에서의 전상자 의료지원 수준은 곧 전투원 사기와 직결된다. 러시아는 100여 년 전 전문 군의관 양성을 위해 상트페테르부르크에 국방의과대학을 건립했다. 5년간 군진의학교육 후 중위로 임관한 군

네바 강변의 러시아 국방의과대학 건물 전경

의관들은 뒤이어 전문교육을 계속 받는다. 방대한 캠퍼스 안 영내도로는 일반인 통행도 가능하다. 단 강의동과 기숙사는 출입이 통제된다. 전쟁경험이 풍부한 미국·일본 역시 장기 군의관 양성을 위한 별도의 국방의과대학을 운영하고 있다.

6·25전쟁 중 한국군 후송 환자는 연인원 70만 명에 달했다. 전쟁 초기 1,621명의 의무병력이 10,352명으로 급증했다. 전투근무지원분야 중 가장 많은 인원이 소요되었다(출처: 육군의무약사, 1970). 한국군도 실전상황 고려 시 평시부터 의무분야에 획기적인 예산투자가 뒤따라야 할 것이다.

고색창연한 도심 건물의 군진의학박물관에는 러시아군 의무발전 역사와 전쟁터에서의 전상자 치료 및 후송과정 자료들이 체계적으로 전시되어 있다.

헝가리

Hungary

패전국 서러움 가득찬
헝가리 군사박물관

동유럽 중심국가 헝가리의 역사적 뿌리는 고대 중앙아시아 유목민족 마자르(Magyar)족에서 출발한다. 이 민족은 목초지를 찾아 서쪽으로 계속 이동하다가 AD 890년 경 지금의 헝가리에 정착했다.

점령의 역사로 시작된 헝가리는 그 이후 약 1000여 년 간 신성로마제국, 몽고, 유럽제국, 오스만 터키 등과 숱한 전쟁을 치렀다. 그야말로 '전쟁으로 날이 새고 전쟁으로 날이 저문 나라'다.

그러나 오스트리아—헝가리제국으로 참전한 제1차 세계대전에서 패하면서 이 나라는 영토 73%, 인구 60%, 경작지 61%를 잃어 약소국가로 전락하였다.

오늘날 헝가리는 인구 966만 명, 국토면적 9.3만Km², 개인연소득 17,300달러 수준이다. 군사력은 현재 현역 26,500명(육군 10,300, 공군 5,900, 합동군 10,300)이며 예비군 44,000명을 보유하고 있다.

얼어붙은 다뉴브 강과 부다페스트 전경. 사진 왼쪽 첨탑의 국회의사당이 보이며 그 위 다리 부근이
한인여행객 유람선 침몰사고현장이다

프라하 기차역에서 수시로 만나는 한인 여행객

'동유럽의 로마'로 불리는 체코 프라하의 시내 중심부 전체는 세계
문화유산이다. 이런 관광지를 거친 후 여행객이 헝가리 · 폴란드 · 독
일 · 오스트리아로 빠져나가는 교통 허브가 프라하 중앙역이다. 이곳
에는 한국인 단체 · 배낭여행객, 심지어 수능이 끝난 고교생들까지 수
시로 모여든다. 학생들이 관광명소와 더불어 역사유적지 한 곳이라도
들렸으면 하는 생각이 간절했다.

기차역사 내 햄버거 가게에서 우연히 만난 K군은 JSA(판문점 공동
경비구역)에서 군복무를 했다. 그는 전역하자마자 물가가 비교적 저
렴한 인접국가 슬로바키아에서 알바를 하면서 6개월 간 어학공부를
하였다. 키가 190 cm에 가까운 거구에 태권도 · 합기도 무술이 7단이
다. 위풍당당한 이 한국청년이 이국땅을 활보하는 것만으로도 국위선
양이 되는 것 같았다. 귀국을 앞둔 K군은 알바로 모은 약간의 돈으로   •57

다뉴브 강변 언덕의 옛 부다 왕궁 전경.
현재는 헝가리국립미술관·부다페스트역사박물관·세체니도서관으로 활용되고 있다.

부모님께 드릴 선물을 고심하고 있단다. 헝가리행 기차를 기다리며 이 청년과 이야기를 나누던 그 시간 내내 나 자신도 기분이 흐뭇했다.

혹한의 종착역 기차 안에서 극적 탈출

동유럽 겨울 날씨는 의외로 매섭다. 영하 16도의 강추위로 차창에는 하얀 살얼음이 끼어 있다. 헝가리 부다페스트행 열차객실은 컴파트먼트(6인실)형과 일반좌석형이 있다. 객실은 난방이 되지만 무릎이 시큰거릴 정도로 싸늘하다. 혹한으로 인한 선로 결빙으로 기차 속도는 느려지고 중간역에서도 10~20분 씩 예사로 정차한다. 6인실 객실에서 승객들이 하나 둘 빠져나가고 호주 여학생 에밀리(Emily)와 필자만 남았다. 그녀는 대학을 잠시 쉬면서 1년 동안 유럽여행 중이란다. 한국에 가본 적은 없지만 6·25전쟁 역사에 대해 많이 알고 있다. 특히 집안 어르신 중에도 한국전쟁 참전용사가 계신다고 한다. 반복되는 지연도착 방송을 듣다말고 에밀리는 아예 레시버를 귀에 꽂고 음악에 빠져든다.

프라하를 출발한지 거의 7시간 후, 한동안 열차가 움직이지 않는다.

 이상한 생각이 들어 좌석형 객실로 가보니 텅텅 비어 있다. 다음 칸도 마찬가지다. '후다닥' 통로를 따라 뛰면서 바깥을 보니 이미 종착역 부다페스트에 도착하여 전 승객은 하차했다. 출입문은 잠겨 있고 문을 열려고 해도 꼼짝하지 않는다. 창문을 두드리고 소리를 질러도 소용없다. 순간 '기차 안에서 얼어 죽을 수도 있다'라는 불안감이 덮쳐온다. 그 때 마침 망치를 들고 최종 열차를 점검하는 역무원을 발견하고 출입문을 걷어차며 주먹으로 창문을 내리쳤다. 깜짝 놀란 그가 문을 황겁히 열어준다. 다시 객실로 뛰어와 여학생을 구조(?)하는 의로운 행동과 함께 겨우 차가운 기차 안을 탈출했다. 나중에 들으니 이날 혹한으로 부다페스트에서만 20명이 동사했다고 하였다.

패전국 서러움이 가득 찬 헝가리 군사박물관

다뉴브 강이 흐르는 부다페스트는 헝가리 수도이다. 부다페스트는 서편 언덕 '부다'와 동편 평지 '페스트'가 합쳐져 만들어진 이름이다. 부다 언덕에는 대통령궁, 국립미술관, 어부의 요새 등 관광명소가 몰려 있다. 대통령궁에서 얼마 멀지 않은 곳에 헝가리군사박물관도 있다.

천년 전통의 군사박물관 근·현대전시관에는 헝가리 비극의 역사 자료만 가득하다. 제1·2차 세계대전 패전, 공산위성국가, 1989년 자유화 과정의 순서로 전시물들이 있다. 특히 제2차 세계대전 말기 독일 동맹국인 헝가리군 수십 만 명이 소련군 포로가 되었다. 그들 대부분은 시베리아수용소로 끌려 가 강제 노역에 처해졌지만, 그 정확한 숫자조차 알 수 없었다. 종전 후에는 극히 일부 포로만이 고향땅을 밟을 수 있었다. 전시관의 포로수용소 재현 코너의 헝가리군인이 황량한 벌목장에서 먼 하늘을 하염없이 쳐다보는 모습이 애처로워 보였다.

또한 1945년 이후의 현대사는 온통 소련군식 마네킹·사진들로 가득 차 있다. 단지

헝가리군사박물관 전시실의 공산당 마크가 찢겨나간 깃발

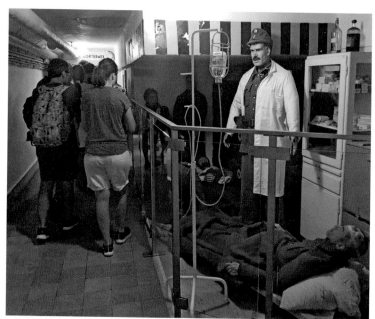

부다 언덕 비밀지하병원 내부 전경. 통로 안쪽에 수술실, 입원실, 핵전쟁 전시실이 있다.

지하병원 핵전쟁 전시실 벽의 서울시 북핵 피폭 시 피해반경지도

1956년 헝가리 반소투쟁에 가담한 시민군·군인들이 공산당 깃발의 중앙마크를 찢어낸 전시물만이 당시 국민 정서를 잘 나타내는 듯하였다.

비밀 지하병원에서 본 한국의 핵 위기

다뉴브 강변 대통령궁 근처에는 '바위속의 병원(Hospital in the rock)' 박물관이라는 이색적인 장소가 있다. 1940년대 부다페스트 시장은 전쟁에 대비하여 왕궁 아래 기존 지하시설과 연결하여 은밀하게 병원을 건설하게 하였다. 최초 약 70여명의 환자 수용을 전제로 완공한 이 병원은 1944년 도시 전체가 폭격을 받으면서 아수라장이 되었다.

600여명의 환자가 몰렸고 의료물자는 태부족이었다. 시신의 붕대를 벗겨와 다시 사용하고, 복도까지 환자가 넘쳐났다. 지하실 구석구석에는 피 배인 붕대로 감싼 환자마네킹들이 당시 상황을 재현하고 있다. 전쟁 말기 이 벙커는 소련군에게 포위된 채 일부 부상병들이 처절하게 최후의 전투에 참여하기도 했다. 이 시설은 1956년 반소봉기 시 또다시 병원으로 잠시 활용하다가 폐쇄됐다. 그러나 냉전시기 비밀리 핵벙커로 재확장 되었다가 2007년부터 일반인들에게 공개하였다.

특히 마지막 전시관에는 일본 히로시마 원폭 피해 상황과 북한 핵무기의 서울투하 시 피해 반경을 대형지도 위에 자세하게 그려두고 있다. 헝가리가 한반도 상황을 핵전쟁 교보재로 활용하고 있음을 보니 씁쓸한 마음 금할 수 없었다.

천년제국의 영광과
비애가 흐르는 다뉴브강

    헝가리 부다페스트는 세계에서 가장 아름다운 도시 중의 하나다. 그러나 헝가리역사는 영광과 비애가 뒤섞인 복잡한 과정을 거쳐 왔다. AD 896년 건국 후, 9·10세기 헝가리기마군단은 서유럽을 휩쓸며 스페인까지 진격하기도 했다.

    하지만 1241년 몽고침공으로 200만 명의 인구 중 1/4 이 죽었고, 1526년 오스만 군에 대패하여 150년간 투르크 지배를 받았다. 19세기경 오스트리아–헝가리제국을 세웠으나 제1차 세계대전 패배로 나라가 풍비박산 났다. 또다시 제2차 세계대전에서 독일편을 들었다가 패전국이 되었다.

    공산위성국가가 된 후, 1956년 반공봉기가 소련군에 진압당하면서 2만 명의 사상자가 발생했고 20만 명 이상 해외로 탈출했다. 역사적 순간순간 줄을 잘못 서서 유럽에서 가장 고생한 나라가 헝가리이다.

천년제국의 소박한 건국기념행사

— Trip Tips ——

매년 8월 20일, 부다페스트 시민들은 손에 국기를 들고 다뉴브 강변으로 모여든다. 시내 상공에서는 경비행기가 노란 연막을 뿜으며 공중곡예를 하고 행글라이더가 빙글빙글 춤을 추며 도심 공원으로 내려온다. 오늘이 바로 헝가리건국 1122주년이란다.

도심 중앙 이슈트반 대성당 앞에서 선물가게를 운영하는 푸슈카시 (Puskas)씨는 몰려드는 손님들로 입이 찢어진다. '피부를 반짝반짝 빛나게 만든다'는 헝가리황실비누는 가격까지 저렴하여 선물용으로 인기가 좋다. 한국인 단체 여행팀을 위해 곳곳에 한글안내문도 붙어 있다. 주인이 잠시 여유를 가졌을 때 '건국일'행사에 대해 물으니 기다렸다는 듯이 헝가리역사를 장황하게 설명한다. 과거 유럽중심국이었던 자신의 조국이 전쟁에서 연전연패하면서 국토는 갈가리 찢어졌단다. 특히 주변국 슬로바키아 · 오스트리아 · 크로아티아 · 루마니아 · 우크

헝가리 건국기념행사시 다뉴브 강 유람선 페레이드에 국기를 흔드는 시민들 모습

• 65

라이나에는 아직도 수백 만 헝가리인들이 살고 있다고 한다.

그가 권유하는 다뉴브 강 건국행사를 보고자 잔뜩 기대를 갖고 강변으로 달려갔다. 강변 철로는 관람객들로 매워졌고 기차운행은 아예 중지되었다. 군수송기 1대가 강 위를 스칠 듯이 날아가니 수많은 시민들이 헝가리국기를 흔들며 열광한다. 뒤이어 전투기나 헬기편대군 정도는 따라올 줄 알고 목을 길게 빼서 먼 상공을 살폈다. 하지만 비행운을 볼 수 없었고 항공기 굉음조차 들리지 않는다. 대신 수십 척의 유람선들이 강상 페레이드로 건국일을 축하했다. 극히 단순하고 소박한 행사였지만 다뉴브 강변의 고색창연한 왕궁 · 국회의사당 · 성당들

부다 언덕 성벽에 남아있는 제2차 세계대전 당시의 총 · 포탄 흔적

이 천년제국의 찬란한 과거역사를 증언해 주는 듯 했다.

다뉴브 강변에 얽힌 슬픈 사연들

헝가리를 가로지르는 다뉴브 강은 이 나라의 젖줄이다. 독일 남부 산지에서 발원한 이 강은 독일·오스트리아·체코·헝가리·루마니아·우크라이나 등 모두 9개국을 통과하며 길이는 2,850Km에 달한다. 비엔나·부다페스트 등 주요 도시들이 대부분 그 본류 연안에 있다. 다뉴브 강은 국제하천으로 옛날부터 동서 유럽의 문화·물자교역의 대동맥이었다. 각국 이익이 첨예하게 걸렸던 이 강 연안 곳곳에는

헝가리 국회의사당 근처 다뉴브 강변의 유대인학살추모 신발조각상 모습

군사요새가 건설되었다. 요새들은 도시형성의 기초가 되었고 부다페스트 성곽도 이런 역사적 유래를 가지고 있다.

1945년 제2차 세계대전 말기, 다뉴브 강을 건너 부다 언덕을 공격하는 소련군을 헝가리군은 필사적으로 저지했다. 치열한 전투 중에 생긴 수많은 총·포탄 흔적이 지금도 부다 성곽에 촘촘히 남아있다. 그러나 이곳을 오가는 관광객들은 전쟁 상흔에 관심을 갖기보다는 발밑의 아름다운 다뉴브 강과 그림같은 시내 전경에만 정신이 팔려있다. 또한 멀리 보이는 헝가리 국회의사당 옆에서는 단지 이방인이라는 이유로 수많은 유대인들이 살해당했다. 당시 처형을 앞두고 강변에 늘어선 유대인들 중 등 뒤의 총격공포를 못 이겨 스스로 강물로 뛰어든 사람들도 많았다. 강물은 핏빛으로 변했고 주인 없는 신발·가방만 강가에 어지럽게 흩어졌다. 80년 전 광기어린 살육현장에는 오늘날 신발조각상이 비극의 상징물로 남아 있다.

독재자 광기가 부른 헝가리 홀로코스트

Trip Tips
부다페스트 시내 곳곳에는 '유대인 학살추모유적지'가 눈에 띈다.

헝가리는 나치 점령시절 무려 43만 7천명의 유대인들을 아우슈비츠 수용소로 보내거나 살해했다. 오늘날까지도 헝가리 대통령은 유대인 추모일에 과거 선조들의 악행에 대해 세계인들에게 사과한다.

1930년대 왜 히틀러는 그토록 유대인들을 증오하여 600여만 명을 학살했을까? 대부분의 유럽 국가들은 당시에도 뿌리 깊은 기독교문화를 가졌다. 그러나 유대민족은 예수님을 죽였고 나라도 없으면서 유럽경제권을 쥐고 막강한 영향력을 행사했다. 유럽인들의 유대인에 대

'테러 하우스' 기념관 입장인원 제한으로 사진 오른쪽 아래 출입구에서 장시간 대기해야 한다

한 감정이 좋을 수가 없었다. 특히 히틀러는 제1차 세계대전 패배와 경제공황으로 빚어진 독일인들의 분노와 좌절을 이들에게 표출하도록 의도적으로 선동했다. 많은 독일인들은 히틀러 선동을 진짜로 믿었고 희대의 독재자는 정신적으로 국민들을 지배하였다. 또한 유대인의 지나친 선민의식과 현지인에 대한 배타의식이 이런 참극을 불러오는 일부 원인이 되기도 했다.

인권탄압의 대명사 '테러 하우스'

헝가리 수도 중심가 '테러 하우스'는 이름만으로도 많은 사람들의 호기심을 유발한다. 이 기념관은 제2차 세계대전 시 나치 만행과 이후 소련공산정권의 희생자들을 기리기 위해 설립되었다. 1880년 최초

'테러 하우스' 기념관의 소련군 전차와 헝가리봉기 시, 희생자사진

아파트로 세워졌으나 훗날 헝가리 나치가 이곳에 유대인 탄압을 위해 지하 감옥을 만들었다. 이후 공산정권 하에서도 1956년까지 헝가리 비밀경찰본부로 사용했다. 백열등이 켜진 지하실 구석구석에는 고문도구와 수감자 유품들이 있고, 2·3층에는 유대인학살·1956년 헝가리봉기·1989년 자유화과정 자료들이 전시되어 있다. 이런 비극적 유적지가 1970년대에는 젊은이들을 위한 나이트클럽으로도 사용되었다고 한다.

특히 기념관 1층 로비에는 헝가리 자유화 봉기를 짓밟은 T−54 소련군전차가 포신을 치켜들고 웅크리고 있다. 그리고 주변 벽에는 수많은 희생자 사진들이 분노의 시선으로 이 전차를 내려다보고 있다. 아이러니하게도 '노동자 천국'이라는 공산주의체제에서 이런 희생자의 53%가 노동자들이었다. 공산주의 이론이 얼마나 허구인가를 '테러 하우스'가 실증적으로 보여주었다.

체 코

Czech Republic

영화 〈새벽의 7인〉,
마지막 전투현장의 처절한 흔적

체코(Czech)는 유럽의 내륙국이며, 수도는 프라하이다. 독일, 오스트리아, 폴란드와 국경을 접한 이 나라는 제1차 세계대전이 끝난 1918년, 체코슬로바키아로 최초 건국되었다. 그러나 1939년 3월, 독일에게 강제합병 당했다가 1944년 소련에 의해 해방되었다. 냉전 시기인 1968년 체코인들은 공산정권에 반대하는 대규모 반소시위를 벌였으나 실패했다. 결국 1989년 소련붕괴 후, 겨우 자유민주주의 체제를 갖게 된다. 하지만 국가재건정책에 대한 갈등으로 1993년 1월 1일, 이 나라는 체코와 슬로바키아로 다시 분리되었다. 현재 체코는 인구 1,063만 명, 국토넓이 78,865Km², 국민 연 개인소득은 20,000달러 내외이다. 군사력은 병력 21,950명(육군 12,750명, 공군 6,800명, 기타 2,400명, 준군사부대 3,100명)을 보유하며 NATO 회원국이다.

〈새벽의 7인〉 그 현장에서 본 체코 비극

 1970년대 중반의 세계적인 명화 '새벽의 7인'은 제2차 세계대전 시 약소국 체코의 비극을 실화를 바탕으로 만들었다. 특히 2명의 체코청년이 끝까지 독일군에게 저항하다가 물이 찬 성당 지하실에서 최후의 순간 자결하는 마지막 장면은 이 영화의 압권이다. 당시 치열했던 격전 현장이면서 실제 영화 촬영지였던 성당, 지하실, 환기구, 비밀통로는 현재 그대로 남아있다.

 1942년 6월 17일, 프라하의 메쏘디우스 대성당(Methodius Cathedral)으로 독일군들이 몰려왔다. 이곳에는 '히틀러의 후계자'로 알려진 체코의 독일총독 하이드리히를 암살했던 7명의 영국 특공대원들이 숨어 있었다. 이어서 성당으로 진입한 독일군과 대원들 간 치열한 교전으로 시신은 산처럼 쌓였고 건물 바닥은 피바다로 변했다. 그

프라하 메쏘디우스 대성당 전경. 빨간색 원형 안에 지하실 환기구와 특공대원 · 성당신부 조각상이 있다

독일군이 소방호스로 성당 지하실에 물을 넣고 있는 모습

성당지하실의 환기구와 탈출로를 찾기 위해 지하벽을 깬 흔적이 보인다

러나 700여 명의 적을 단지 7명의 공수부대원들이 상대하기에는 한계가 있었다. 실탄·수류탄은 떨어졌고 대원들은 장렬한 최후를 맞이했다. 하지만 체코출신 얀과 요제프는 비밀통로로 연결된 지하실로 내려가 결사항전을 준비한다.

6월 18일 새벽, 성당 지하의 좁은 환기구가 마침내 적에게 발견되었다. 독일군은 이 틈으로 최루가스를 집어넣었지만 저항군을 끌어내는 데 실패했다. 절망적 상황에서 두 사람은 지하실과 하수구와의 연결통로를 찾고자 벽을 깨부수었다. 그러나 탈출은 쉽지 않았다. 결국 독일군은 소방호스를 집어넣어 지하실에 물을 가득 채웠다.

더 이상 저항은 불가했고 최후의 순간은 다가왔다. 얀과 요제프는 한 손에 권총을 들고 수영으로 물위에서 만나 부둥켜안았다. 서로의 관자놀이에 총구를 갖다 대며 말없는 미소로 마지막 인사를 나누며 방아쇠를 당겼다. 그 순간 지하실 환기구로 한 줄기의 새벽 햇살이 비춰졌다.

성지(聖地)로 변한 영웅들의 격전지

현재 이 성당은 체코 성지로 관리되고 있다. 무수한 총탄자국이 남아있는 환기구 외벽 위에는 조국을 위해 목숨 바친 영웅들의 조각상이 있다. 낙하산을 맨 특공대원과 이들을 숨겨주다 학살 당한 성당신부의 형상이다.

성당 지하실로 들어가면 환한 조명 아래 투항을 거부하고 명예로운 죽음을 선택한 7명의 공수부대원 흉상이 줄지어 있다. 주변에는 당시 독일군이 촬영했던 각종 사진자료들로 기념관을 꾸며놓았다. 폭파된 총독차량, 소방호스 주입, 저항군 시신검안, 무기류 사진은 마치 어제 사건처럼 생생하게 재현되고 있다. 특히 최루가스, 물세례 속에서도

멀리 성당 지하통로 계단이 보이고 전사한 특공대원 흉상이 전시되어 있다.

지하실 환기구주변 총탄흔적과 상단부에 특공대원 및 성당신부의 흉상이 부착되어 있다.

필사적으로 탈출로를 찾기 위해 벽면을 깨부순 흔적은 급박했던 상황을 잘 보여주고 있었다.

너무나 감동적으로 보았던 〈새벽의 7인〉영화를 떠올리며 처절했던 현장을 직접 보니 가슴이 먹먹했다. 성당외벽을 살피던 중 마침 한국 여학생 2명을 만났다. 반가운 마음으로 이곳에 얽힌 이야기를 잠깐 나누니 의외의 반응이 나왔다. "혹시 이 근처 체코식 돼지족발 꼴레뇨를 잘하는 음식점 아세요?"라고 되묻는다. 역사유적지는 전혀 관심이 없다. 학생들은 동유럽 맛집 탐방여행 중이란다.

초토화된 '리디츠'마을과 배신자 말로

이 사건에 분노한 히틀러의 보복은 잔인했다. 낙하산으로 침투한 영국특공대원들을 도와준 리디츠(Lidice) 마을이 대상이었다. 450여명의 주민들이 살았던 이곳은 순식간 살육의 장소로 변했다. 기념부조에 그려진 송아지만한 군견은 날카로운 이빨로 아이들을 물어뜯을 기세다. 리디츠는 철저하게 파괴되었고 지도상에서 사라졌다.

어느 시대나 영웅이 있으면 비열한 배신자도 있다. 이 퇴출작전의 실패는 나약한 정신을 가진 특공대원 카렐의 밀고 때문이었다. 얀, 요제프, 카렐은 같은 체코출신이다. 그러나 카렐은 고향에서 아내와 아들을 만난 후 영국 귀환에 회의를 품었다. 더구나 암살범에게는 엄청난 포상금까지 걸렸다. 결국 그는 게쉬타포에 제 발로 찾아가 동료들을 밀고했다. 작전요원들은 전원 사살되었고, 지원세력은 일망타진되었다. 카렐은 독일군 협력대원으로 특채되었으나 종전 후 체코정부에 체포되어 처형된다. 그리고 그는 오늘날 체코역사에서 가장 추악한 매국노로 후손들에게 손가락질 받고 있다.

냉혹한 국제외교에 희생된 체코역사

한산한 리디츠 기념관의 학예사 마리(Marie)는 강대국들이 내팽게 친 체코의 서러운 역사를 이렇게 이야기했다. 1930년대 후반 유럽의 강대국 영국·프랑스·독일·소련은 체코슬로바키아의 절박한 생존문제에 무관심했다.

1938년 3월, 오스트리아를 강제 합병한 히틀러는 또다시 '체코 영토 주테덴란트 거주 독일인들이 박해받는다.'는 황당한 논리로 이 약소

독일군들이 영국특공대원들을 도와준 리디츠 마을 주민들을 학살하고 있다.

리디츠 마을터에 건립된 학살주민 추모동상

국을 협박했다. 속이 뻔히 보이는 히틀러 장난에 영국·프랑스가 먼저 슬그머니 꼬리를 내렸다. 정작 체코대표는 참석도 못한 채 1938년 9월, "문헨 회담"에서 영국·프랑스 수상은 이 지역을 독일에 넘겨 버렸다. 전쟁만은 피해보고자 독재자 비위를 맞추었던 것이다. 이어서 1939년 3월, 독일군은 체코 전체를 집어 삼켰다. "그래 우리는 버림받았다. 하지만 다음은 프랑스·영국 당신들 차례다!"라고 체코인들은 울부짖었다. 그리고 1939년 9월 1일, 독일의 전격적인 폴란드 침공으로 제2차 세계대전은 시작되었고 유럽은 6여 년 간 처절한 전화에 휩싸였다.

프라하 공산주의박물관,
자유의 소중함을 일깨웠다.

    1945년 5월 8일, 유럽의 제2차 세계대전은 끝났다. 체코인들은 처음에는 조국을 해방시킨 소련군 진주에 환호했다. 그러나 1948년 2월, K.V. 고트발트 공산당이 체코슬로바키아 인민공화국을 수립하면서 국민들은 또 다시 숨 막히는 독재정권 아래 놓여졌다. 사유재산제

프라하 왕궁 부근의 찢어진 체코국기 동상. 1938-1945 표시는 제2차 세계대전 시 독일강점기를 의미한다

는 폐지되었고, 중앙통제 계획경제와 언론·출판 사전 검열제도를 시행했다. 1968년 1월, 두브체크 신정권 출범 후 단계적인 민주화가 이루어졌지만 소련과 동구권 공산국가들은 좌시하지 않았다. 그해 8월 21일, 바르샤바군 20만 명과 2,000대의 탱크가 반소시위 '프라하의 봄'을 짓밟았고 체코군은 병영에 갇혔다. 하지만 끈질긴 체코 민주화운동은 결국 1989년 공산정권을 무너뜨리고 자유를 되찾았다.

군사박물관이 증언하는 체코독립투쟁

프라하 군사박물관은 오랫동안 강대국에게 짓눌려 왔던 체코역사를 잘 설명하고 있다. 체코는 오스트리아–헝가리제국의 지배를 수백 년 받아왔다. 1914년 7월 28일, 제1차 세계대전이 발발하자 조국독립을 갈망하던 해외 체코인들이 연합국 군대에 가담하기 시작했다. 1914년 8월 23일, 프랑스 외인부대에 최초 체코중대가 창설되었다. 지원자는 계속 늘어나 프랑스에서 약 10,000여명이 참전하여 650명이 전사했다. 뒤이어 1916년 1월, 러시아도 체코 제1소총연대를 편성했다. 체코부대 전투력을 높이 평가한 러시아는 식민 지배국 군인으로 참전했다가 포로가 된 체코인들로 대규모 부대를 만들었다.

1917년 1월 17일, 이탈리아 나폴리 포로수용소에서도 체코부대가 탄생했다. 포로들 중 약 80%가 연합군 측 가담을 희망했다. 마침내 1918년 5월, 19,000명 규모의 제6체코사단이 창설되었다. 이처럼 같은 민족끼리 일부는 오스트리아–헝가리군으로, 또 다른 형제들은 독립 국가를 꿈꾸며 연합군 측에서 싸웠다. 1918년 체코슬로바키아 건국 이전의 체코군 족보는 이처럼 복잡하다. 또한 전쟁 중 많은 체코인들이 오스트리아 해군에서 복무했다. 당시 33,736명의 오스트리아 해군 중 6,000여명이 체코인이었다. 하지만 장교 20%, 군의관 30%, 기

1914년 8월 최초 창설된 프랑스 외인부대 체코중대 장병 모습

술인력의 50%는 체코출신이었다. 이 전시자료들은 비록 지배국 군대에 종군하였지만 체코인들의 탁월한 군사적 능력을 과시하는데 목적이 있는 듯 했다.

체코군단 러시아 탈출과 독립군 무기구입

박물관에는 러시아내전과 체코군의 고국을 향한 탈출과정 자료들도 가득하다. 1917년 11월, 러시아에서 공산혁명이 일어나면서 체코군단은 볼셰비키 정권으로부터 혁명세력에 합류할 것을 요구받았다. 그러나 체코군이 이를 단호하게 거부하자 적군(赤軍)은 무기반납을 강요했다. 더구나 체코인들은 서쪽 육로로 통해서 고국으로 가는 길조차 막혔다. 귀향코스는 시베리아를 관통한 후, 극동을 경유 선박으로 유럽에 가는 방법밖에 없었다. 수백 량의 무장열차가 꼬리에 꼬리를 물고 눈 덮인 시베리아를 필사적으로 탈출했다. 흡사 영화 〈설국열차〉와 다름없는 절박한 풍경이었다. 체코군은 적군의 집요한 방해공작을 뿌리치고 드디어 1918년 7월 6일 블라디보스토크에 도착했다. 1920년까지 체코군은 장병 및 군인가족을 포함하여 67,739명이 이 항구를 통해 귀국했다. 특히 독립을 위해 몸부림치는 조선의 딱한 처지를 알게 된 그들은 동병상련의 마음으로 맥심기관총을 포함한 다량의 무기를 독립군에게 넘겨주었다.

1920년 10월의 청산리대첩은 일제강점기 독립운동사에서 가장 찬란한 승전기록이다. 물론 김좌진·이범석장군의 탁월한 리더십과 독립군의 높은 사기가 1,200여명의 적군을 격멸한 결정적 요인이었다. 하지만 또 다른 이유는 당시 일본군 못지 않은 최신 무기를 독립군이 갖추었기 때문이다. 지구 반대편 나라 체코와 한국의 인연은 이렇게 약 100여 년 전의 전쟁을 통해서 연결되었다.

반복된 약소국 비극과 공산주의 박물관
1918년 10월 28일, 유럽 국제질서가 재편되면서 체코슬로바키아는

1918년 12월 귀국한 체코독립군의 프라하 시내 개선행사 전경

건국되었다. 물론 제1차 세계대전 시 연합군과 함께 싸웠던 체코독립군 희생이 국가탄생의 결정적 요인이다. 그러나 '자유, 인권, 자주'를 최고 가치로 추구했던 체코는 단지 20년 동안만 유지되었다. 1939년 3월, 히틀러침공으로 이 나라는 또다시 지구상에서 사라졌다. 프라하 왕궁 옆의 찢어진 체코국기동상이 이 비극을 잘 보여준다. 더구나 제2차 세계대전 후에는 공산정권하에서 체코인들은 숨 막히는 40여 년을 보내야만 했다.

프라하 중심거리에 70대 후반의 에밀리(Emily, 女)씨가 개인적으로 운영하는 '공산주의박물관'이라는 특이한 전시관이 있다. 카지노건물 2층의 전시관 입구에서는 음흉한 인상의 공산당원 밀랍인형이 소련국기를 들고 관람객을 맞이한다. 전시자료는 암울했던 공산체재 실상과 1968년 '프라하의 봄'으로부터 1989년 11월 '벨벳 무혈혁명'으로 이어지는 체코 자유화 과정을 잘 보여주고 있다.

프라하 외곽 화생방 지하대피시설
프라하 안내책자에서 우연히 '핵무기 벙커(Nuclear Bunker)'라는

프라하 시내 중심부의 공산주의 박물관 입구 전경. 사진 왼쪽 전시실에 공산체재에서의 체코국민 생활상 자료들이 있다

글귀를 발견했다. 과거 시내 외곽에 만든 대규모 지하대피시설을 방문하는 여행상품이다. 집결장소로 가니 최소 10명 이상 모여야 견학이 가능하단다. 조마조마한 마음으로 기다리니 호주인 3명이 나타났다. 안내 청년은 망설였지만 적극적인 관심을 표명하니 고맙게도 출발을 결심한다.

트램·버스를 번갈아 타며 시내 외곽 야산 중턱에 도착했다. 지하철문을 열고 나선형 계단을 따라 한참을 내려가니 퀴퀴한 냄새나는 지하시설이 나타난다. 이곳에는 병원, 제독실, 식량창고 등 다양한 공간이 있으며 약 5,000명 정도 수용 가능하단다. 이런 대피시설은 다른 지역에도 많이 있다고 한다. 구 공산국가들은 핵전쟁 대비 명목으로 도시권 주변에 수많은 지하시설을 건설했다. 특히 소련군 전술에서 당연시하는 화학전 공격에 필요한 장비·물품들이 가장 인상적이다. 화학전을 전제로 한 방호장비들이 구석구석에 꽉 차 있다. 이와 같은 소련군 전술을 그대로 답습한 북한군이 왜 그토록 화학전 역량강화에 매달리는지를 이해할 수 있었다.

프라하 외곽의 공개된 화생방전 지하대피시설 일부 전경. 전시물 대부분이 화학전 관련 장비들이다

세르비아
Serbia

세르비아 군사박물관의 유고 게릴라 투쟁역사

유고슬라비아연방(1945~1990)에서 분리된 현재의 국가지도

'유럽의 화약고'로 불렸던 발칸반도 유고연방은 복잡한 민족·종교로 구성되어 있었다. 즉 2개의 문자, 3개의 종교, 4개의 언어, 5개의 민족, 6개의 공화국을 가진 짜깁기나라였다. 그러나 제2차 세계대전이 끝난 1945년부터 1980년까지 티토(Tito)가 이끈 유고연방은 비교적 안정된 정치체제를 유지했다. 하지만 1989년 공산권체제가 와해되자 각공화국들이 독립을 선언하면서 내전이 벌어졌다. 이 갈등은 '백인의 치욕'이라고 개탄

하는 '인종청소'라는 끔찍한 살육전까지 가져왔다. 유고연방의 세르비아는 두 차례의 내전·전쟁으로 경제적 기반이 황폐화 되면서 빈국으로 전락했다. 현재 세르비아는 국토면적 8.8만 Km², 인구 700만 명, 1인당 국민연소득은 5,580달러 수준이다. 군사력은 현역 28,150명 (육군 13,250, 공군 5,100, 훈련센타 및 국경수비대 8,200명), 예비군 50,150명을 보유하고 있다.

국제열차에서 만난 아프간난민 청년

┌─ Trip Tips ─────────────────────────────────

헝가리 부다페스트에서 세르비아 수도 베오그라드행 국제열차는 서유럽 고속열차에 비해 서비스·시설면에서 한참 뒤떨어져 있다. 부다페스트를 출발한 지 2시간 즘에 도착한 헝가리국경역. 꼼꼼한 출국검사 후 기차가 국경을 넘어 세르비아로 들어서자 주변은 높은 산과 깊은 계곡의 연속이다.

세르비아의 국경역 입국심사는 허리춤에 권총, 수갑, 방망이를 찬 무장경찰이 나타나 아예 여권을 회수해 간다. 거의 1시간 정차 후, 기차는 다시 출발했다. 서유럽국가들과는 판이한 입국절차다. 지루함을 달래기 위해 식당칸을 찾아갔다.

구석진 자리에 혼자 앉아있는 청년과 커피를 나누며 인사하니 아프간난민 알리(Aali)라고 한다. 그는 카불 치과대학을 다니다가 내전을 피해 조국을 떠났다. 현재 약 600만 명의 아프간난민들이 세계 각지에서 떠돌이생활을 하고 있단다. 치과의사의 꿈은 이미 물거품이 되었고 어느 나라가 자신을 받아 줄 것인지도 막막하다고 한다. 타국에서 눈칫밥을 먹으며 전전긍긍하는 아프간 청년의 모습을 보면서 안타까운 마음 금할 길 없었다.

세르비아 군사박물관의 유고 게릴라 전쟁사

베오그라드 성곽 내의 세르비아 군사박물관에는 수백 년 동안의 전쟁역사가 진열되어 있다. 특히 제2차 세계대전 시 1929년 건국된 유고슬라비아 왕국의 대독 투쟁자료들이 많았다.

1941년 4월 6일 새벽, 수도 베오그라드 시민들이 단잠에 빠져 있는 시간 수백 대의 독일폭격기들이 머리 위로 폭탄을 쏟아 부었다. 3일 동안 계속된 무차별 폭격으로 17,000여명이 목숨을 잃었다. 당시 유고 국왕과 시민들의 독일저항에 대한 대가였다.

4월 17일, 나치 군대가 폐허가 된 베오그라드에 들이닥치자 유고에는 2개의 거대한 자생적 게릴라 조직이 탄생했다.

첫 번째는 미하일로비치 장군이 이끄는 기존 유고왕정을 지지하는 '체트니크'라는 약 15만 명의 게릴라 조직이었다. 두 번째는 공산주의자 티토(Tito)가 이끈 '파르티잔'이었다. 그의 투쟁 목표는 나치격멸과 조국을 '노동자 천국'으로 만드는 것이었다. 티토는 일찍부터 미하일

베오그라드 성곽내의 세르비아 군사박물관 야외전시장 전경

로비치가 친연합국 성향의 반공주의자라고 판단했다. 두 게릴라 활동에 원한이 사무친 나치는 무자비하게 시민들을 보복대상으로 삼았다.

나치의 유고점령 4년 동안 무려 50만 명이 살해되었다. 1945년 5월, 전쟁이 끝나자마자 티토는 대독투쟁의 영웅 미하일로비치를 체포하여 나치협력의 죄명을 뒤집어 씌워 1946년 7월 17일 처형했다.

1941년 4월 독일공군이 베오그라드 폭격시 사용한 대형폭탄

티토 무덤과 독재 국가의 어두운 그림자

제2차 세계대전 후 발칸 공산국가들 중 가장 먼저 티토가 이끄는 유고가 독자노선을 고집했다. 그는 중립

제2차 세계대전 당시 티토가 이끈 '파르티잔' 게릴라대원 모습

티토부부가 안장되어 있는 티토 기념관 외부 전경.

을 표방하면서 서방은 물론 공산권과도 동맹을 맺지 않는 비동맹정책을 유지했다. 이와 같은 '티토주의'는 국민들로부터 지지를 받아 유고를 비교적 평화롭고 안정된 상태로 유지할 수 있었다. 특히 티토는 조국을 해방시킨 전쟁영웅으로 민중들에게 각인되어 35년간의 독재체제에도 누구 하나 반기를 들 수 없었다.

1980년 5월 4일 사망한 티토는 베오그라드의 한적한 기념공원에 안장되어 있다. 부인과 나란히 묻힌 대리석 묘역 주변은 생전의 행사사진 및 기념품들이 즐비하다. 특히 묘역 별관에는 세계 각국에서 보내온 선물기념관이 별도 있다. 전형적인 공산권 국가들의 지도자 신격화 선전물 전시장처럼 보였다.

'인종청소' 막은 NATO 공군의 대공습

티토 사망 이후 유고는 집단지도체제로 바뀌었다. 당시 첨예한 냉전으로 동·서방 관계가 꽁꽁 얼어붙은 현실에서 유고연방의 여러 민족들은 독립을 주장하기 어려웠다.

그러나 1989년 동구권 공산주의가 한꺼번에 무너져 내리면서 유고 민족분쟁은 처참한 살육전으로 변했다. 1991년 6월, 슬로베니아와 크로아티아 독립을 요구하자 세르비아군은 자국민 보호 명분으로 무력진압에 나섰다. 약 3년 7개월간 내전으로 사망자 20만 명, 난민 200만 명이 발생했다. 1995년 12월, 미국 주도하에 관련국 평화협정으로 가까스로 내전은 종식되었다.

하지만 1996년 코소보 알바니아계 주민들의 독립투쟁이 또다시 일어났다. 이에 세르비아군은 '인종청소'로 불릴 정도의 잔인한 진압작전을 시작했다. 당시 영국 BBC는 코소보판 킬링필드의 생생한 영상을 공개했다. 결혼식 비디오기사가 현장에서 목숨을 걸고 찍었던 자료였

티토 기념관내의 티토(우)와 부인 묘(좌). 묘지 주변에 생전 행사사진 전시 및 집무실 전경이 재현되어 있다

다. 머리 뒤 총탄을 맞고 불탄 숱한 시신, 옷이 벗겨져 숨진 여성 등 차마 눈 뜨고 볼 수 없는 장면이 가득했다(1999.4.5.조선일보). 1999년 3월, NATO공군은 드디어 대대적인 공습으로 대응했다. 78일 동안 총 3만 5천여 회의 전폭기가 출격했고, 일일 452회 공습으로 세르비아는 초토화되었다. 결국 세르비아정부는 서방국가들의 외교·군사적 압력에 코소보 독립을 승인했다.

NATO군 피해는 2명의 사망자와 전체 운용 항공기의 0.01%에 해당하는 5대가 전부였다. 피해 확률 면에서 걸프전의 1/5, 베트남전

NATO 공군기 공습으로 파괴된 베오그라드 시내건물 전경

의 1/130에 불과했다. 이에 비해 세르비아군은 1만여 명의 사상자와 6,500여명의 민간인 피해자가 생겼다. 최첨단 기술이 집약된 항공전력 위력이 '인종청소'의 비극을 멈추게 한 특이한 현대 전쟁사례였다.

불가리아

Bulgaria

불가리아전쟁사를 한 눈에 볼 수 있는
소피아 군사박물관

불가리아는 요구르트와 과일, 야채 위주의 식생활로 '장수마을'이 많은 곳으로 한국인들에는 막연하게 인식되어 있는 국가이다. 이 나라는 한때 대(大)불가리아제국을 부르짖으며 발칸지역의 3/5를 점령했지만 강대국 압력으로 많은 영토를 타민족에게 넘겼다. 특히 복잡한 이 지역의 이익 충돌로 벌어진 1912~13년의 제1 · 2차 발칸전쟁은 결국 세계전쟁을 잉태했다.

불가리아는 1차 세계대전시 독일편에 가담하여 패전국이 됐다. 2차 세계대전 시에는 최초 추축국 편에 섰다가 1944년 소련 쪽으로 돌아서면서 승전국 반열에 올랐다. 하지만 공산위성국가로 45년 암흑의 시기를 보낸 후 겨우 자유민주주의국가로 변신했다. 오늘날 불가리아는 인구 700만 명, 국토면적 11만 Km², 연 국민개인소득은 7,200불 수준이다. 군사력은 현역 31,300명(육군 16,300, 해군 3,450, 공군 6,700, 참모부 4,850), 준군사부대 16,000명, 예비군 3,000명이며

불가리아 수도 소피아 시내에 남아있는 로마시대 유적지 전경

2004년 북대서양조약기구에 가입했다.

제1 · 2차 발칸전쟁과 사라진 불가리아제국의 꿈

강대국 사이에 끼인 불가리아 역사는 한반도 과거와 비슷하다. 1800년대 발칸반도는 오스트리아와 오스만 터키라는 두 제국이 차지하고 있었다. 하지만 러시아는 지중해 진출을 위해서, 영국 · 프랑스는 아시아 석권을 위해 발칸지역을 통과해야만 했다. 따라서 강대국들은 먼저 발칸 여러 민족을 독립시킨 후 자신들의 입맛대로 요리하고자 했다. 흡사 1894년 청일전쟁 후 일본이 종전문서 제1조에 〈조선은 자주독립국이다〉라고 명시한 후 한반도를 자신의 세력권에 편입시킨 수순과 똑같다.

결국 1877년 터키-러시아가 격돌했고, 패전국 터키는 러시아에게 발칸영토 양보와 지중해 진출권을 허용했다. 하지만 영국 · 오스트리

소피아 군사박물관 야외전시장의 발칸전쟁요도. 첫 번째 요도에 불가리아 최대 영토지도가 표시되어 있다.

아는 국제조약을 통해 러시아 세력 확산을 막았다. 이런 분위기에 편승, 수백 년 터키지배를 받아오던 이 지역 국가들이 1912년 발칸동맹 (불가리아 · 세르비아 · 그리스 · 몬테네그로)을 결성, 터키를 공격하여 승리했다(제1차 발칸전쟁). 하지만 승전 기쁨도 채 가시기도 전인 1913년 불가리아가 터키군이 철수한 마케도니아를 차지하려고 다시 전쟁을 일으켰다. 이에 세르비아 · 그리스와 과거 적국이었던 터키, 그리고 인접 루마니아까지 불가리아에 맞섰다(제2차 발칸 전쟁). 불가리아는 2달 만에 항복했고 대제국건설의 꿈은 영영 사라지고 말았다. 이처럼 아수라장 같은 발칸반도의 민족 · 종교 · 영토갈등이 복잡하게 얽히고설켜 마침내 1914년 7월 28일 제1차 세계대전으로 폭발하고 말았다.

소피아 군사박물관에서 본 불가리아 전쟁사

불가리아 소피아군사박물관은 여행객들에게는 꼭 가봐야 할 관광

명소로 널리 알려져 있다. 1916년 유럽에서 가장 큰 시설로 건립된 이 박물관은 100만점의 군사유물과 불가리아·유럽전쟁사 자료들을 풍부하게 갖추고 있다. 웅장한 실내유물관과 넓은 야외전시장의 무기·장비는 19·20세기 유럽전쟁의 모든 것을 보여준다.

불가리아는 지정학적으로 다양한 국가들과 국경을 접했다. 동쪽에 터키, 서쪽에 세르비아·북마케도니아, 남쪽에 그리스, 북쪽에 루마니아, 흑해 건너편에 러시아가 있다. 이중 북마케도니아를 빼고 인접국가와는 발칸전쟁과 제1·2차 세계대전에서 적어도 한 번 이상은 피 튀기는 전쟁을 치렀다. 국제사회에서 이웃나라와 사이좋은 관계가 거의 없듯이 불가리아는 태생적으로 빈번한 전쟁에 휩쓸릴 수밖에 없었다.

3층으로 이루어진 전시관에는 오스만 터키 지배를 벗어난 1800년대 후반의 불가리아군 제복·메달 및 전쟁발발·경과자료가 있다. 제1차 발칸전쟁 시 불가리아 인구는 500만 명에 불과했다. 하지만 단 2주 만에 40만 명의 병력을 동원하여 터키군을 격파하면서 250Km 적진 속으로 진격하기도 하였다. 이런 승전사는 야외전시장 발칸전쟁요도에서 당시의 전투상황을 자세하게 묘사하고 있다.

그러나 대 불가리아제국건설의 꿈은 2차 발칸전쟁과 1차 세계전쟁

소피아군사박물관 야외에 전시된 소련제 방공미사일

패배로 사라졌다. 불가리아 영토는 대폭 줄었고 강대국 눈칫밥을 먹는 약소국으로 전락하고 말았다.

신의 없는 동맹국 파탄과 소련군 승전기념탑

1940년대 인구 650만 명의 불가리아는 약 15만 명의 군사력을 보유했지만 무기·장비는 제1차 세계대전 당시 수준을 벗어나지 못했다. 히틀러는 헝가리·루마니아·불가리아 등 동유럽과 발칸국가들을 소련과의 전쟁 시 총알받이로 쓸 생각이었다. 독일군은 이들에게 자국의 최신 무기 대신 주로 점령국 노획무기를 제공하여 생색내기에만 급급했다. 따라서 부품확보나 정비에 많은 문제점이 생겼고 진정한 의미의 동맹국 신의를 쌓지 못했다. 결국 제2차 세계대전 말기 이 국가들은 소련군 반격으로 전세가 기울자 당장 총부리를 어제의 친구에게 거침없이 들이대었다.

소피아 시내 중심가에는 나치치하 불가리아를 해방시켜준 소련군 승전기념탑·조형물들이 곳곳에 있다. 하지만 공산위성국가시의 악감정은 불가리아 인들에게 아직도 남아 있는 듯 했다. 시내 중앙공원

소피아 중앙공원내의 소련군입성 환영조각상 하단부에 낙서가 어지럽게 적혀있다. 사진 뒤편 먼 곳에 승전기념탑도 보인다.

의 소련군 환영조형물 하단에는 검은 페인트로 어지럽게 적힌 욕설 낙서가 그대로 방치되어 있었다.

한류열풍이 심어준 외국인들의 한국 사랑

┌─ Trip Tips ─────────────────────────────

소피아 중앙역에서 루마니아행 기차가 출발하는 8번 플랫 홈을 찾았다. 그러나 그곳에 열차는 없었고 출발시간이 가까와오자 마음이 조급해졌다. 마침 대형배낭을 울러 맨 2명의 프랑스 청년을 만나 열차표를 보여 주었다. 유심히 표를 살피던 청년들은 숫자 "8"끄트머리에 붙어있는 미세한 꼬리 "з"표시를 지적했다. 불가리아어로 "서쪽(West)"이라는 의미란다. 똑같은 선로이지만 서쪽으로 한참 떨어진 곳에 달랑 세토막 짜리 루마니아행 기차가 정차해 있었다.

배낭여행객 조르단과 피에르는 파리의 대형카지노 바텐더로 일했다. 그들은 매월 받는 급여가 어느 정도 비축되면 항상 수개월씩 해외여행을 떠나곤 한단다. 미래를 위한 장기저축에는 별 관심이 없었다. 특히 다음 여행지인 한국 서울 물가와 봉급생활자 급여수준에 대해 관심이 많았다. 다소 여행경비가 부담되지만 세계를 휩쓸고 있는 한류열풍의 발상지를 반드시 찾아 가보고 싶다고 했다.

소피아 중앙역에서 만난 배낭여행 중인 프랑스청년들

루마니아

Romania

루마니아 독재자의 세계 최대 건물 '차우셰스쿠 인민궁전'

루마니아는 1914년 제1차 세계대전 발발 당시 본국에 800만 명, 인접국에 400만 명의 국민들이 거주했다. 그 시기 민족통합은 완성되지 않았지만 연합군 편에 선 루마니아는 종전 후 마침내 통일국가를 완성했다. 하지만 제2차 세계대전 시 최초중립→독일→연합군편을 거치면서 전쟁 후 소련 지배권에 놓였다. 1947년 12월 왕정은 폐지되고 '루마니아 인민공화국'이 탄생했다. 1964년 정치 실권을 쥔 차우셰스쿠는 자주노선을 천명하면서 국민들의 신뢰를 쌓았다. 1971년 북한을 방문한 후 그는 김일성의 완벽한 국가통제에 깊은 감명을 받았다. 곧이어 차우셰스쿠는 북한과 똑같은 '가족우상화'와 '권력독점'을 통해 희대의 독재자로 변신했다. 1989년 마침내 30여년의 철권통치로 억압되었던 인민들의 분노가 폭발하면서 차우셰스쿠 부부는 비극적인 종말을 고했다. 현재 루마니아 인구는 1960만 명, 국토면적 24만 Km², 연 국민개인소득은 12,500달러 수준이다.

화동들로부터 꽃다발을 받고 있는 차우셰스쿠 부부

한국 고속열차보다 낙후된 150년 전통의 국제열차

불가리아 소피아를 출발하여 루마니아 부쿠레슈티로 가는 열차에는 승객들이 많지 않았다. 09:00 시발역을 떠나 거의 6시간을 달린 후 국경역 리세에 도착했다. 역사건물에는 150여 년 전인 1866년 불가리아 루제(Rugge)–루마니아 부쿠레슈티(Bucuresuti) 간 최초 철로가 개설되었다는 대형 현수막이 붙어있다. 한반도에서 처음 경인선 기차가 기적을 울린 1900년에 비해 무려 34년 앞섰다. 그러나 그것뿐이었고 더 이상 발전은 없었다. 연착에 연착을 거듭하는 소피아–부쿠레슈티 간 국제열차는 무려 12시간 소요됐다. 한국의 고속열차라면 3시간 내외면 충분할 거다.

앞 자리의 루마니아 할머니는 검둥이 두 마리와 씨름 중이다. 큰 개는 성인요금의 50%를 내지만 의자 밑이나 객실 귀퉁이 자리만 차지할 수 있다. 옆자리 일본인 모리마토는 중국 남경의 일본어 강사였다. 한동안 정차했던 기차가 국경선 강 위를 지나간다. 차창 위 보조창문을 열고 깔끔한 사진을 기대하며 카메라 셔터를 눌렀다.

 창문을 닫고 내려오는 순간 덜 닫힌 창문 손잡이가 눈썹 위를 때렸다. 별이 번쩍하면서 피가 얼굴을 적신다. 순간의 부주의가 이런 낭패를 불러왔다. 깜짝 놀란 할머니의 재빠른 응급처치로 겨우 흐르는 피를 지혈시켰다.

희대의 독재자 유산 '차우셰스쿠 인민궁전'

루마니아 수도 부쿠레슈티는 깨끗하게 정리된 느낌을 준다. 인구 180만 명의 이 도시에서 여행객들이 자주 방문하는 차우셰스쿠 인민궁전! 시내 중심 언덕위에 우뚝 솟은 이 웅장한 건물은 평양 금수산태양궁전을 본떠 건축되었다. 단일 건물 크기로는 미 국방부 펜타곤에 이어 세계 두 번째다.

가로 274m, 세로 245m, 높이 86m에 무려 3,200개의 방을 가진 이 건물은 1982년 최초 공사를 시작했다. 90만 톤의 고급목재, 3500톤의 수정·대리석, 480여개의 샹드리에를 달았고 내부 곳곳을 금은으로

부쿠레슈티 시내 중심부의 차우셰스쿠 인민궁전 전경. 사진 뒤쪽으로 웅장한 건물이 연결되어 있다.

인민궁전 내부를 설명하는 안내원. 건물 내 수많은 연회실, 공연장, 회의실, 전시실 등이 있다.

장식했다. 건축물 공사가 진행 중인 1980년대 루마니아국민 대다수는 영양실조 상태였다. 안내자를 따라 거의 1시간 30분 내부를 살폈지만 겨우 4/100 정도만을 보았다고 한다. 마지막 참관코스인 지하전시관은 토목공사 터파기 부터 건물 완공 직전까지의 과정을 사진자료로 상세하게 보여주었다. 인민의 피땀을 빨아 끝없는 사치행각을 벌린 독재자 폭정에 관람객들도 분개하는 듯 했다. 하지만 챠우셰스쿠는 이 아방궁이 완공되기 직전인 1989년 12월 25일 국민들의 저주 속에서 총살형에 처해졌다.

인민의 분노가 폭발한 수도 중심부의 '혁명 광장'

부쿠레슈티 혁명광장에는 자유화시위 희생자추모탑이 외롭게 서 있다. 주변에는 차우셰스쿠 집권 당시의 인민정부청사, 대통령집무실, 비밀경찰본부가 그대로 남아 있다. 1989년 12월, 폴란드 · 체코 · 헝가리 등 공산권 국가들이 연쇄적으로 무너졌다. 하지만 차우셰스쿠는

혁명광장 부근의 인민정부청사 전경.
건물 중앙현관위 난간에서 차우셰스쿠가 시민들에게 연설한 것으로 알려져 있다.

'루마니아판 주체사상'으로 인민들을 직접 설득시키겠다고 혁명광장으로 강제동원 된 10만 민중 앞에 섰다. "위대한 조국 루마니아와 인민의 낙원 공화국에서…"라는 장황한 연설이 시작되자 군중들의 야유가 터져 나왔다. 곧이어 독재타도를 외치는 시위가 벌어졌고 비밀경찰의 강경진압으로 광장은 순식간에 유혈이 낭자했다. 심상치 않은 상황에 차우셰스쿠는 정부청사옥상의 헬기를 타고 도주했다.

들끓는 민심을 알아차린 조종사는 대공레이다 추적을 빙자하여 불시착했고 대통령을 버리고 달아났다. 급기야 루마니아 정규군도 시위대 편에 섰다. 1989년 12월 24일 민병대에 체포된 차우셰스쿠 부부는 약식 군사재판에 넘겨졌다. 속전속결로 단 2시간 만에 재판은 끝났다. 검사는 차우셰스쿠 죄목을 열거한 뒤 마지막으로 이렇게 주장했다. "나는 사형에 반대한다. 하지만 지금 우리는 사람에 대해 이야기하는 것이 아니기 때문에 이번만은 예외로 하고 싶다."라고.

12월 25일 14시 50분, 차우셰스쿠 부부 총살집행에 5명의 군인들이 자원해서 나섰다. 사격명령이 떨어지자 100여 발 이상의 총탄이 표적에 쏟아졌다.

상상을 초월하는 독재자 폭정과 그 후유증

루마니아 공산주의 시절 국민들은 공포·기아 속에서 숨 막히는 나날을 보냈다. 국민 2000만 명 감시를 위해 전국에 300만 개의 도청기와 1,000여 개의 도청센타가 설치됐다. 심지어 '인구는 국력이다!'라는 독재자 지시로 가임여성은 의무적으로 4명 이상 출산해야 했다. 목표량을 채운 가난한 가정의 주부들이 몰래 갖다버리는 유아들로 고아원은 넘쳐났다. 해외 정보는 차단되고 대신 매일 저녁 전 국민은 2-3시간 국영TV 방송 앞에 의무적으로 앉아 있어야 했다. 졸음을 찾아가

혁명광장의 자유화시위 희생자추모탑 전경

며 독재자의 장황한 연설이나 체재선전물을 시청해야만 했고 불평불
만을 내색하면 가차 없이 제거되었다. 차우셰스쿠 집권기 투옥인원은
617,000명, 그중 120,000명이 사망했다. 이런 폭정의 후유증으로 지
금까지도 많은 루마니아인들이 가난과 무력감으로 유럽을 떠돌고 있
다. 내일은 최근 공개된 차우셰스쿠관저와 독재자 부부가 묻혀있다는
공동묘지를 찾아 가보기로 계획했다.

처형된 독재자 부부,
1평 공동묘지에 묻히다

루마니아는 수백 년 동안 주변 강대국 러시아, 오스트리아, 터키의 지배를 받아왔다. 1877년 러시아-터키전쟁에서 터키가 패배하자 마침내 루마니아는 독립을 선언했고 국제적 승인을 얻었다. 제1차 세계대전 발발 후인 1916년 연합군에 가담한 루마니아는 종전 후 전승국이 되어 상당한 영토를 확장해 대제국을 이루었다. 하지만 1922년-1928년 사이 자유정치체제를 유지하였으나 곧이어 군주독재체제로 바뀌었다. 제2차 세계대전 시에는 최초 독일 동맹군으로 대소련전에 참가했으나 1944년 8월, 친나치정권이 무너지면서 다시 연합군측에 가담했다. 1945년 전쟁이 끝난 후 약 45년 공산체제를 유지하다가 1990년 자유민주주의 정권이 재탄생했다. 2004년 북대서양조약기구에 가입한 루마니아군은 현재 현역 70,500명(육군 39,600, 해군 6,600, 공군 10,300, 합동군 14,000), 준군사부대 79,900명, 예비군 50,000명을 유지하고 있다.

부쿠레슈티 시내 제1차 세계대전 승전기념 개선문

제1차 세계대전 100주년 전시관의 루마니아 승전역사

국립역사박물관은 로마제국의 유물·사료들을 많이 소개한다. 정문계단에서부터 로마황제 트라이안이 늑대를 안고 있는 동상이 서 있고, 국명도 로마니아(Romania: 로마인의 나라)에서 출발했다. 로마인의 상무정신를 이어받은 루마니아는 이웃 이민족인 불가리아, 헝가리·세르비아·터키와 끝없는 전쟁을 치렀고 국경선은 수시로 바뀌었다. 특히 제1차 세계대전에서 연합군에 가담한 이 나라는 승전국 지위를 얻었다. 그 결과 패전국 헝가리의 트란실바니아 지역을 새 영토로 확보하면서 대(大)루마니아제국을 이루었다.

박물관에는 제1차 세계대전 100주년전시관이 별도로 있다. 이곳에는 전쟁배경·참전과정 등을 전쟁유물과 사진자료로 보여준다. 1916년 당시 루마니아는 총인구의 15%를 동원하여 83만 명의 대군을 편성했다. 그러나 이 작은 나라가 오스트리아·헝가리, 독일, 불가리아,

•117

루마니아 국립역사박물관 입구계단 로마황제 트라이안의 동상

터키를 상대하기에는 너무나 벅찼다. 한때 국가파멸의 위기까지 몰리기도 했지만 전 국민이 일치단결하여 마침내 전쟁승리를 쟁취했다. 루마니아 근·현대사에서 가장 자랑스러운 승전역사이다. 그날의 영광을 영원히 후손들에게 전해주고자 부쿠레슈티 중심가에는 제1차 세계대전 승전개선문이 당당하게 자리잡고 있다.

호사스러운 차우셰스쿠 관저와 사치품 창고

차우셰스쿠 관저는 시내 중심부에서 멀지 않은 녹지 가운데 있다. 관저주변 수Km 이내에는 경호목적상 건축이 제한되었고, 숲속의 웅장한 건물에는 방이 50개에 달했다. 1974년 차우셰스쿠는 대통령이 되자 그 가족들이 공산당과 주요 국가기관에 포진하기 시작했다. 국방·내무·농업장관, 비밀경찰·청년조직의 요직을 부인·형제·동서들이 차지했다. 또한 군 경험이 전혀 없는 자녀들을 장군으로 임명하면서 군부까지 장악해서 완벽한 족벌독재체제를 구축했다.

2016년 처음 공개된 이 관저의 지하수영장, 영화관, 선물전시관, 의상보관실과 신선한 공기흡입을 위한 산소욕실 등을 차례차례 돌아보았다. 인솔자는 설명 중 수시로 "김일쌩!, 김일쌩!"을 연발한다. 내용인즉 차우셰스쿠와 김일성은 형제처럼 가까웠으며 루마니아는 북한주체사상을 그대로 모방했다는 것이다. 선물전시관에는 북한이 증정한 학이 그려진 자개

제1차 세계대전 100주년기념전시관의 루마니아 육 · 해 · 공군 및 간호병과 군기

벽화, 흰 대리석 바탕의 산수화병풍, 도자기 등이 진열되어 있었다.

특히 의상실의 수많은 옷장에는 고급 양복, 와이셔츠, 넥타이, 구두들이 빼곡히 차있다. 의상에 관심 많은 여성 관람객들은 영부인 엘레나의 드레스, 신발, 보석장신구에 대해 꼬치꼬치 캐묻는다. 일부 개방된 옷장 외의 엄청난 사치품들이 창고 안쪽에 꽉 차 있는 듯 했다.

가난 · 기아에 시달렸던 1980년대 루마니아

관저 관람 후 독재자 부부가 묻혀 있다는 공동묘지를 찾아 나섰다. 41번 트램 정거장을 찾고자 골목길로 들어서니 태극기가 휘날리는 주택이 있었다. 근처를 서성이는 경찰관에게 물으니 주루마니아 한국대사공관이란다.

부쿠레슈티 도심지 녹지공원 내의 차우셰스쿠 관저

    필자가 한국인을 알자 대뜸 한국산 스마트폰 부터 보여준다. 공관경비 경찰관인 그는 자연스럽게 고통스러웠던 루마니아현대사를 이렇게 들려주었다.

    루마니아는 석유·천연가스·비철금속 등 천연자원이 풍부하여 1970년대 후반까지 동구권에서 가장 급속한 경제성장을 이룩했다. 그러나 1980년대 차우셰스쿠의 파행적 경제정책으로 심각한 경제난에 빠졌다. 국제수지 흑자유지를 목표로 외채상환에 주력하면서 수입을 엄격하게 금지했다. 결국 해외 원자재 공급중단으로 공장은 멈추었고 루마니아 경제는 나락으로 떨어졌다. 빵 배급은 하루 한 개로 제한되고 서구 유럽으로부터 지원된 성경책들이 화장실휴지로 사용되었다. 이런 와중에 수도 부쿠레슈티에는 사치스러운 인민궁전 공사가 시작

북한 김일성이 차우셰스쿠에게 선물로 보낸 대리석 병풍

되었고 신시가지 조성을 위해 유서 깊은 수많은 건축물들을 사정없이 부수었다. 식량부족에 허덕이던 그 당시 빵집주인은 빵을 팔기 전 일부러 24시간 동안 방치해 두었다. 빵맛을 변하게 해서 사려는 사람 수를 줄이기 위한 방법이었다고 한다.

시립공동묘지에 묻혀있는 차우셰스쿠 부부

교외 트램 종점은 올망졸망한 비닐봉지를 든 주민들의 북적이는 모습으로 시골장터 분위기이다. 행인에게 공동묘지 위치를 물으니 거의 2Km 이상 떨어져 있단다.

┌─ **Trip Tips** ─────────────────────

택시를 타려니 운전기사는 공동묘지에서 빈차로 와야 한다며 당당하게 승차를 거부한다. 하는 수 없이 낯선 길을 한참 걷다보니 터키국기 아래의 대단지 무슬림 묘역과 1916-1918 비각표시의 군인묘지도 있었다.

부쿠레슈티 외곽 시립공동묘지내의 차우세스쿠 부부 묘지

    아마 제1차 세계대전 전몰장병 묘역 같았다. 조금 더 걸으니 시립공동묘지가 나타났다. 즐비하게 늘어선 비석들로 다소 으스스한 분위기였지만 차우세스쿠 부부 묘지는 쉽게 찾을 수 있었다.

    20여년 루마니아를 철권 통치했던 독재자부부는 한 평 남짓한 대리석묘지 아래 쓸쓸하게 누워 있었다. 생전 금슬이 좋았다던 부인 엘레나가 남편 옆에서 수시로 바가지를 긁고 있는지 아니면 따뜻한 위로의 말을 속삭이는지는 알 수 없었다. 다만 누군가가 묘지 앞에 놓고 간 꽃송이들이 눈 속에서 삐죽이 얼굴을 내밀며 멀리 이국땅에서 찾아온 이방인을 신기한 듯 쳐다보고 있었다.

폴란드
Poland

'카틴숲 학살기념관'이 증언하는
패전국 폴란드의 비극

폴란드의 고통스러웠던 20세기 역사는 한(韓)민족과 비슷하다. 이 나라는 한 때 유럽의 최강국이었다. 동으로는 러시아, 서로는 프로이센, 남으로는 오스만 터키, 북으로는 스웨덴을 제압하기도 했었다. 하지만 17세기 말부터 허약한 왕권과 귀족층 내부 분열로 나라가 흔들렸다. 결국 1795년 러시아 · 프로이센 · 오스트리아의 삼국 분할로 폴란드는 세계지도에서 123년 동안 사라졌다. 1918년 제1차 세계대전이 끝나면서 폴란드는 다시 독립국가로 탄생했다. 뒤이어 러시아와의 3년 전쟁으로 폴란드 옛 영토를 대부분 수복했다. 그러나 1939년 9월, 독일 · 소련의 협공으로 국토는 갈가리 찢겨졌다. 1945년 제2차 세계대전 후 나라는 잃지 않았다. 하지만 소련 속국으로 전락하는 운명은 피하지 못했다. 이런 처지는 1989년 폴란드가 민주화될 때까지 계속되었다. 오늘날 폴란드는 인구 3,800만 명, 국토면적 31.3만 Km², 연 국민개인소득은 13,500달러 수준이다.

수난의 역사로 점철된 20세기 폴란드역사

Trip Tips

바르샤바 겨울 강추위에 여행객들이 몸을 녹이기에는 식당, 커피숍, 휴게실이 골고루 갖추어진 중앙역이 안성맞춤이다.

승객대기실에서 만난 한국인 P씨는 경기도 용인의 고등학교 역사교사였다. 방학 때마다 세계유적지를 찾아가 생생한 교육자료를 수집한단다. 그의 소명의식에 고개가 숙여졌다.

한국 · 폴란드 과거 역사는 비슷하다. 지정학적 측면에서 강대국 사이에 끼어 있는 두 나라는 숱한 외침에 시달려왔다. 제2차 세계대전 시 상해임시정부가 있었다면 폴란드는 런던임시정부가 있었다. 전쟁 중 수십 만 폴란드군이 조국해방을 위해 싸웠다. 그러나 전후 자국이익을 우선한 미 · 영 · 소련은 폴란드인들의 피 값을 내동댕이쳤다. 국

폴란드 수도 바르샤바 중앙역 전경. 주변 국가로 가는 국제열차 대부분이 이곳에서 출발한다.

소련제 화포 · 전차 · 항공기가 전시된 바르샤바 군사박물관 입구 전경

토수복의 꿈은 사라졌고 동부의 광활한 영토는 소련으로 넘어갔다. 그리고 폴란드는 공산체재 속에서 45년 또다시 질곡의 세월을 보내야만 했다. 놀랍게도 런던의 폴란드망명정부는 1990년까지 유지되었다. 흡사 1945년 태평양전쟁 후 38선 국토분단, 6 · 25전쟁, 북한공산정권 등 한국현대사도 폴란드와 비슷한 과정을 거쳐 왔다.

폴란드전쟁사를 한 눈에 볼 수 있는 군사박물관

중앙역 앞의 택시기사 영어는 의외로 서툴다. "Military Museum!"을 두 번 세 번 강조하니 대답은 무조건 "Ok! Ok!"였다. 알 수 없는 폴란드어로 혼자 떠들던 그는 목적지 도착 후 친절하게 손을 흔들며 사라졌다. 어쩐지 박물관입구 분위기가 이상하다. 군사장비는 보이지 않고 요란한 깃발과 초상화만 눈에 띄었다. 알고 보니 '국립미술관'이란다. 하는 수 없이 근처 군사박물관까지는 혹한을 무릅쓰고 걸어갈 수밖에 없었다.

전장에서 맹활약 중인 폴란드군 기병. 폴란드는 전통적인 기병 강국이었다.

야외전시장에는 눈에 익은 T-34전차, 미그계열 전투기, 소련제 야포들이 진열되어 있다. 실내전시관은 19·20세기 유럽전쟁역사, 폴란드기병전통, PKO 활동상 자료들이 많다. 특히 제2차 세계대전 단초가 된 독일군의 폴란드 침공과정은 요도로 상세하게 설명하고 있다. 추운 날씨에도 보이스카우트 및 시민들의 단체관람이 많았다.

전략·전술변화에 둔감했던 폴란드군의 처참한 패배

1939년 8월 31일, 독일군은 13명의 죄수에게 폴란드군 군복을 입혀 국경선에서 자국 영토를 침공했다며 사살했다. 또한 독일령 국경도시 방송국을 습격한 특수부대원들이 반독활동을 촉구하는 선동방송을 했다. 전쟁 책임을 폴란드에게 돌리려는 히틀러 지시에 의한 자작극이었다.

9월 1일 04:45분, 100만 명의 독일군이 폴란드로 쏟아져 들어갔다. 급강하폭격기와 질풍노도 같은 전차부대로 순식간에 폴란드군은 와

해되었다. 폴란드군은 175만 명에 달했지만 1920년대 전술·무기수
준의 군대였다. 흰 장갑을 낀 창기병여단 지휘관이 햇빛에 번쩍이는
긴 칼을 뽑아들고 "돌격!"을 외쳤다. 중세 기사단의 영웅담 같은 장엄
한 모습이었지만 싸움은 수 분만에 싱겁게 끝났다. 용케 전차대열에
도달한 기병들이 창으로 전차를 내찔렀지만 창날만 부러졌다. 물론
일부 전투에서 있었던 상황이다.

9월 3일, 우방국 영국·프랑스는 즉각 독일에 선전포고를 했다. 그
러나 침략자에 대한 외교적 규탄만 하면서 강 건너 불구경하듯 하였
다. 폴란드를 위해 대신 피흘려줄 우방은 아무도 없었다. 9월 17일,
설상가상으로 동부전선에서 80만 명의 붉은 군대가 느닷없이 뒤통수
를 내리치며 달려들었다. 음흉한 스탈린이 독일과의 사전 밀약에서
소련 몫으로 할당된 폴란드 영토를 빼앗기 위해서였다. 결국 폴란드

바르샤바 중앙을 가로지르는 비스와 강 전경. 1939년 독일·소련은 이 강을 중심으로 왼편은 독일,
오른편은 소련이 차지했다.

는 9월 27일 백기를 들 수밖에 없었다.

'카틴 숲 학살기념관'에서 본 그 비극의 역사

동서고금을 막론하고 전쟁에서 진 국민은 비참하다. 제2차 세계대전 시 폴란드 인구 3,700만 명 중 약 500만 명이 죽었다. 바르샤바 비스와강 옆 '카틴 숲 학살기념관'은 폴란드의 비극적 역사를 이렇게 소개한다.

1939년 10월, 이 나라 동부를 차지한 소련군은 폴란드 엘리트 계층 38,000명을 전격 체포했다. 절반 이상이 장교였고 나머지는 정치인, 공무원, 전문가, 사제들이었다. 강도 높은 공산주의 세뇌교육을 했지만 전향하는 이는 극소수였다. 특히 상당수의 장교는 20년 전 소련과의 전쟁 참전자였고 철저한 폴란드 애국자로 절대 굴복하지 않았다.

카틴 숲 학살기념관' 정문 전경. 기념관전시실에는 학살현장 발굴유물들이 주로 전시되어 있다.

카틴 숲 학살현장에서 발견된 폴란드 군인신분증과 가족사진

1940년 4월 초, 스탈린은 두 번 다시 폴란드가 부활하지 못하도록 이들을 깡그리 제거토록 했다. 인적 없는 '카틴 숲'으로 끌려간 포로들의 처형 방법은 간단했다. 뒷머리에 권총을 한 발 한 발 발사한 뒤 깊은 구덩이로 밀어 넣었다. 반항하는 이는 총검으로 찔러 죽였다. 6주 이상 밤낮 계속된 학살로 무려 25,000명이 살해되었다. 1943년 독일군이 이 집단 매장지를 발견하자, 스탈린은 공산주의 특유의 방식으로 독일을 학살주범으로 몰았다. 무려 50여 년 동안 끈질기게 '오리발'을 내밀었다. 결국 1990년 구 소련체재가 붕괴하자 러시아 대통령 고르바초프가 소련군의 '카틴 숲' 학살을 공식 시인하고 사과했다. 기념관 전시물은 대부분 카틴 숲에서 발굴한 개인 소지품, 신분증, 가족사진들이다. 남편·아들이 포로로 끌려간 가족들의 애틋한 사연들이 방문객 가슴을 아프게 한다.

사력 다한 '바르샤바 봉기', 강건너 소련군은 구경만 하다

1939년 10월, 독일·소련과의 전쟁에 패한 폴란드군인들은 사방으로 흩어졌고 파리에 망명정부가 들어섰다. 법적 계승자인 이 정부를 미·영·프랑스 등 서방국가는 승인했다. 영토는 없었지만 10만 명

중동지역에서 사열을 받고 있는 해외 망명폴란드군

의 망국인들이 폴란드군을 재건하면서 4개 보병사단과 1개 기계화여단을 만들었다. 탈출조종사들은 프랑스전투기로 적응훈련에 임했다. 1940년 6월 22일, 프랑스까지도 독일에 항복하자 망명정부는 영국으로 건너갔다. 그러나 1945년 전쟁이 끝나고도 이들은 조국으로 돌아가지 못했다. 영·미국이 모스크바 동방 폴란드군을 정권주체로 인정했기 때문이다. 철저하게 배신 당한 런던망명정부는 1990년 폴란드에 민주정권이 서자 겨우 환국했다. 20세기 폴란드인들 만큼 국제사회의 냉혹함을 뼈아프게 경험한 민족은 지구상에 없었다.

전 세계로 흩어진 폴란드군인들의 무용담

바르샤바 군사 및 봉기박물관(Uprising Museum)은 패전 이후의 망명 폴란드군 활약상을 많이 보여준다. 175만 명의 폴란드군은 필사적으로 해외로 탈출하거나 지하로 숨어들었다. 항복 직전 결성된 유럽 최대의 지하조직은 게릴라전으로 독일군을 괴롭혔다. 또한 해외에서 폴란드군은 새로운 부대를 속속 창설했다.

1940년 런던 상공에서는 독일·연합군 간 매일 공중전이 벌어졌다. 당시 영국인이 아닌 조종사는 605명. 그중 폴란드인은 145명으로 가장 많았고 201대의 적기를 격추시켜 항공전 승리에 큰 공헌을 했다. 하지만 폴란드조종사들이 격추되어 낙하산으로 탈출하면 영어가 서툴러 민간인들에게 독일군으로 오인되어 몰매를 맞기도 하였다. 1943년 초, 이란 주둔 폴란드군 병영에서는 군인들이 어미 잃은 아기 곰을 정성껏 돌보았다. 의지할 곳 없는 이 곰은 병사들을 부모처럼 따랐다. 키 180Cm, 몸무게 113Kg의 듬직한 체격을 가진 이 곰에게 '보이텍'이라는 이름과 병사계급이 주어졌다. 훗날 이 병사(?)는 이탈리아 몬테카시노전투에서 탄약운반병으로 참전했다. 부대원들 중 가장 많은 탄

제2차 세계대전이 끝난 후 초토화된 바르샤바 시내 전경

약을 전선으로 날랐고 단 한 번의 실수도 없었다. 또한 부대 안에 잠입한 독일스파이를 잡기도 했다. '보이텍'은 '맥주 2박스와 반나절 욕조에서의 휴식'을 포상으로 받았다. 이처럼 폴란드군은 사력을 다해 연합군을 도왔다.

조국수복을 위해 소련과 손잡은 런던망명정부

1941년 6월 22일, 독일은 불가침조약을 깨고 일거에 소련영토 깊숙이 진격했다. 궁지에 몰린 스탈린이 폴란드망명정부에 손을 내밀었다. 조국을 짓밟은 적국이었지만 폴란드는 영국 압력과 국토수복 명분으로 소련과 군사동맹을 맺었다. 소련군포로로 있던 20여 만 명의 폴란드인들이 군대창설을 위해 모여들었다. 부대장 안데로스 폴란드 장군의 회고록 중 일부이다.

"나는 맨발의 장병들이 분열행진을 하는 군대는 처음 보았다. 부대원들은 군화도 셔츠도 없는 누더기 군복을 걸쳤다. 모두가 야위어 해

매일같이 수많은 시민들이 몰려드는 바르샤바봉기박물관 전경

골 같았고 피부에는 종기가 났다. 하지만 전원 수염을 깨끗이 깎고 훌륭한 군인의 모습을 보이려고 노력했다. 몸은 비록 병들었지만 소련인들에게 군인다운 당당한 위엄을 보여주고자 노력했던 것이다. 미사가 시작되자 노병들은 마치 아이들처럼 울었다."

1942년 6월 초, 소련에 있던 폴란드군 3만 5천 명과 민간인 수 만 명이 중립국 이란으로 이동했다. 이제 폴란드군은 전 세계에서 독일군과 싸우게 되었다. 하지만 연합국을 위해 이같이 피 흘리고 있는 동안 미·영·소련은 이란에서 폴란드를 팔아먹는 협상을 시작했다. 즉 '폴란드·소련국경선을 전쟁직전보다 서쪽으로 250Km 옮기는 것'을 결정했던 것이다.

폴란드역사의 최대 비극 '바르샤바 봉기'

바르샤바 '봉기박물관'은 1944년 여름 22만 명의 폴란드인들이 2달간 무참하게 학살 당한 과정을 생생하게 재현하고 있다.

1944년 8월 바르샤바봉기 당시의 시가전 전경

1944년 7월 25일, 소련군은 패주하는 독일군을 □아 바르샤바 근교 100Km까지 진격했다. 런던망명정부와 폴란드국내군은 소련군 지원을 기대하며 자체봉기를 일으켰다. 40,000명의 봉기군이 순식간에 바르샤바 대부분을 장악했다. 그러나 최정예 독일군 친위사단의 적수가 될 수는 없었다. 무차별 폭격과 강력한 기갑부대에 그들은 속절없이 무너졌다. 마지막으로 바르샤바 강 건너편의 소련군 전투부대를 애타게 기다렸다. 그러나 스탈린은 이 봉기가 공산주의 확산에 별로 도움이 되지 않는다고 생각했다. 코앞에서 시민들이 도륙당하는 것을 빤히 보면서도 끝내 소련군은 도와주지 않았다. 1944년 10월 2일, 결국 63일 만에 봉기군은 무릎을 꿇었다. 수천 명의 봉기군이 시민들 속으로 숨지 않고 의연하게 행진하며 스스로 포로수용소로 향했다.

바르샤바 구시가지 초입에 어른 철모를 쓰고 저기 키 만한 소총을 들고 있는 소년병 동상이 있다. 당시 12살 어린 나이의 소년과 8살 소녀가 간호병으로 참전했다는 기막힌 사연을 이 기념비는 후세에 전한

바르샤바 구시가지 입구에 세워진 바르샤바봉기 참가 소년병 동상

다. 전쟁역사는 이렇게 냉혹하고 철저하게 이기적이다.

연합국에 의해 내팽개쳐진 런던망명정부

1944년 가을, 처칠은 이미 '카틴 숲 학살', '바르샤바 봉기' 등 소련의 추악한 악행을 알았다. 하지만 스탈린에게 어떤 불만도 제기하지 않았다. 오히려 폴란드 대표에게 동부 영토를 소련에게 넘기라고 강요했다. 그의 관심은 오직 빠른 유럽전쟁의 종식뿐이었다.

1945년 1월 17일, 소련의 지원을 받는 동방 폴란드군이 바르샤바에 입성했다. 도시인구는 전쟁 전 80만에서 16만 명으로 줄었다. 폴란드 국내군은 강제 해산 당하고 심지어 날조된 반란 누명으로 처형되거나 강제수용소로 보내졌다. 1945년 5월, 전쟁이 끝나자 영국의 서방 폴란드군 23만 중 약 55,000명이 귀국했다. 하지만 기다리고 있던 것은 감시와 처벌, 푸대접 뿐이었다. 폴란드군 마스코트 '보이텍'도 전역해서 영국 에딘버러 동물원으로 들어갔다. 그의 유일한 낙은 옛 전우들

바르샤바봉기 시 시민들에게 보급품을 투하해 준 영국폭격기

바르샤바봉기 시 시민들이 차량에 철판을 덧씌워 만든 장갑차

이 찾아와 담배와 술을 건네줄 때였다. 폴란드 공산화로 오도가도 못하는 신세가 된 서방 폴란드군과 철창 속에 갇힌 이 곰의 처지는 비슷했다. 진정한 폴란드 해방을 보지 못함을 괴로워하던 '보이텍'은 1963년 22살의 나이로 쓸쓸하게 세상을 떠났다.

아우슈비츠 수용소,
유대인 학살 현장 고스란히 간직

1990년 폴란드는 공산정권이 무너지면서 국가정체성이 완전히 바뀌었다. 바르샤바 중심부의 공산당청사는 자본주의 상징인 증권거래소로 변했다. 제2차 세계대전 후 폴란드는 소련 중심의 바르샤바조약기구 선봉국가였다. 이 기구는 1955년 소련이 위성국가의 군사작전권을 통제하기 위해 창설됐다. 회원국 중 가장 인구가 많았던 폴란드는 바르샤바조약군의 주축이었다.

하지만 이 기구는 공산권 붕괴와 함께 1990년 7월 1일 공식 해체되었다. 폴란드 신정부는 1999년 3월 12일 과거의 적이었던 북대서양조약기구에 다시 가입했다. 형식적 가입이 아니라 이 기구의 주력군이 되고자 노력한다. 따라서 아프간전쟁터에 2,600명을 파병했다. 20세기 유럽의 소용돌이 역사에서 동네북 신세였던 폴란드가 드디어 자신의 역사를 건져낸 것이다. 현재 폴란드군은 병력 99,300명(육군 48,200, 해군 7,700, 공군 16,600, 특수부대 3,000, 합동군 23,800)을

아우슈비츠 강제수용소 정문 전경. 내부에 보이는 막사 대부분이 박물관으로 개조되어 있다.

유지하고 있다.

폴란드유대인 격리, 학살 그리고 반성의 역사

1970년 12월 7일 아침, 바르샤바에는 차가운 겨울비가 내렸다. 바로 이 시간 구(舊)게토지역 유대인 추모비 앞에 한 무리의 방문객이 몰려들었다. 폴란드를 방문 중인 서독 수상 빌리 브란트 일행이었다. 이곳에서 수행원·기자들은 전혀 예측치 못한 수상의 행동에 엄청난 충격을 받았다.

헌화를 마친 브란트가 갑자기 추모비 앞에 무릎을 꿇었고 독일인들의 과거 악행에 대해 진심어린 참회의 눈물을 흘렸기 때문이다. 현장 사진은 곧바로 전 세계에 타전되었다. 이 소식을 들은 폴란드인들 역시 뜨거운 감동의 눈물을 흘렸다. 세계 언론은 "브란트가 무릎을 꿇음으로써 독일민족은 다시 일어 설 수 있었다!"라고 평가했다.

바르샤바 시내의 유대인 수감시설 전경. 광장의 나무에 추모 글귀 종이들이 많이 부착되어 있다.

제2차 세계대전 시 학살된 유대인 600만 명 중 폴란드계가 300만 명 이었다. 동유럽 중심인 폴란드에는 아우슈비츠를 포함한 수많은 유대인 수용소가 있었다. 지금도 바르샤바시내 곳곳에 유대인 추모비와 수감시설들이 남아있다. 또한 전후 건립된 시내 중심부의 이스라엘역사 · 문화박물관은 유대인들의 험난했던 유럽정착 과정을 잘 보여주고 있다.

유대인들은 왜 그토록 잔인하게 학살당했나?

히틀러가 제1차 세계대전 독일패전의 분노와 좌절감 해소에 유대인을 희생 제물로 삼은 과정을 다음 우화가 잘 설명하고 있다.

'동물나라에 오랜 가뭄이 들자 회의가 열렸다. 이 가뭄은 여러 동물들의 잘못으로 생겼으니 각자의 죄를 참회하기로 했다. 제일 먼저 사자부터 자신의 잘못을 고백했다. 그 뒤로 힘센 동물 순서대로 참회했다. 모두 그럴 수 있다며 서로 위로했다. 하지만 맨 마지막 당나귀가

아우슈비츠 강제수용소에 도착한 유대인 행렬

너무 배가 고파 다른 동물의 건초를 훔쳐 먹었다고 하자, 동물들의 태도가 달라졌다. 흉년이 네 놈 때문이라고 외쳐댔다. 그리고 약한 당나귀는 그들의 희생양이 되었다.'

1930년대 독일국민들의 욕구불만은 폭발직전 이었다. 히틀러가 유대인 때문에 경제문제가 발생했다고 말하자, 대중은 분노했다. 그들은 유대인들이 생산적인 일을 하지 않고 상업에 기생하여 돈을 번다고 생각했다. 당시 유대인들은 세계 대부분의 나라에서도 계속 쫓겨나 창조적인 직업을 가질 처지가 못 됐다. 결국 히틀러 선동으로 인류 역사에서 가장 수치스러운 참혹한 유대인 학살극이 유럽 각지에서 벌어졌다.

아우슈비츠수용소 그 비극의 현장

바르샤바 중앙역에서 열차는 남쪽으로 330Km 떨어진 카토비체로 향해 출발했다. 악명 높은 아우슈비츠수용소는 이 환승역에서 간선열

야외노역 후 수용소 안으로 들어오는 유대인 행렬. 사진 오른편에 사망한 동료시신을 들고 있는 모습이 보인다.

가스실에서 학살한 시신을 처리하는 소각장 내부 전경

수용소 수감인원들이 남긴 가방들. 석방 시 돌려받을 것으로 생각하고 개인이름을 기록해 두었다.

차로 1시간 정도 더 가야한다.

 잦은 연착에 다음 기차시간이 걱정되어 승무원에게 물으니 "걱정하지 말라!"는 대답만 반복한다. 결국 2시간 연착으로 환승기차를 놓치고 말았다. 당당했던 승무원은 사라졌고 택시로 허겁지겁 수용소로 달려갈 수밖에 없었다.

수용소 입구 매표소에서 한 무리의 한인여행팀을 만났다. 관광명소가 아닌 역사유적지에서 한국인을 만나기는 처음이다. 인솔자 Y씨는 망설임 없이 필자를 그룹투어에 합류시킨다.

한민족은 역시 인정이 많다. 수용소 정문아치에는 "노동이 인간을 자유케 하리라!"는 큼직한 독일어 선전문구가 남아 있다. 방대한 수용소 막사는 박물관으로 개조되어 사진, 그림, 유대인소지품으로 꽉 차 있다.

1940년대 도착인원의 73%는 즉시 가스실로 향했다. 90%는 유대인이었지만 폴란드인, 집시, 장애인들도 많았다. 이 수용소 학살자 130만 중 23만 명이 어린이였다. 안내자는 동료시신을 매고 수용소 안으로 들어오는 유대인 행렬 그림을 이렇게 설명했다. 만약 야외노동 간 행방불명자 1명이 생기면 동료 10명을 교수형에 처했다. 탈출은 상상할 수도 없었다.

마지막 견학코스는 가스실과 시신소각장이다. 시체 머리털은 양탄자로 금이빨은 수거하여 재활용했다. 아우슈비츠 존재는 1940년 9월, 의도적으로 독일군에게 체포되어 수용소에 수감된 폴란드첩보원 필레츠키에 의해 최초로 알려졌다. 그는 2년 반 동안 이곳에서 암약하면서 모든 정보를 수집했다.

수용소 수감인원을 집단학살한 가스실 입구. 매일같이 수많은 관람객들이 방문하면서 잔인했던 전쟁역사의 현장을 살펴보고 있다.

1943년 4월 26일, 기적적으로 탈출한 그는 연합군에게 수용소 참상을 보고했지만 반신반의했다. 그리고 1945년 1월 17일, 소련군이 이 지역을 점령할 때까지 광란의 집단학살을 막고자 행동으로 옮긴 나라는 아무도 없었다.

반복된 역사적 수난에서 얻은 폴란드 생존전략

　폴란드는 '평평한 나라'라는 뜻이다. 국토의 평균 고도는 173m이며 7개국과 국경을 접하고 있다. 결국 강대국의 쉬운 공격통로가 될 수밖에 없었다. 역사적으로 몽고기병으로부터 독 · 소련군의 전차부대가 누볐던 지역이다.

　오늘날 폴란드는 이중 · 삼중의 군사동맹으로 국가생존을 유지하고 있다. 이 나라는 유럽에서 경제적으로 부유한 편도 아니다. 하지만 2018년 9월, 미군기지 건설 및 첨단무기 구매를 위한 약 49억 달러의 예산투자 계획을 공개했다. 또한 현역과 지역방위군 병력을 증원하고 무기체계도 구식 소련제 대신 첨단 서방무기로 교체 중이다. 러시아의 우크라이나 크림반도 강제합병과 주변국 위협 때문이다. 폴란드는 처절했던 수난의 역사를 되풀이하지 않겠다는 확고한 국가수호 의지를 이 국방예산계획과 병력증강으로 보여주고 있었다.

우크라이나

Ukraine

유럽의 빵바구니
우크라이나 몰락의 역사

우크라이나는 오랜 기간 러시아 지배하에 있다가 1917년 공산혁명 이후 소비에트공화국이 되었다. 그러나 1990년 소련붕괴 후, 민주정권 우크라이나공화국으로 재탄생했다. 국토 절반이 흑토로 덮인 이 나라는 전 세계 흑토지대의 25%를 차지한다. 비료가 필요 없는 이 흙은 영양분이 많아 '토양의 왕'으로 불린다. 따라서 이 지역은 예로부터 '유럽의 빵바구니'로 불렸다. 우크라이나국기는 이런 풍요의 상징으로 푸른 하늘과 끝없는 들판을 의미하는 상단 파란색과 하단 노란색이다. 하지만 이 축복의 땅도 세계대전 시에는 독일 · 소련군의 주전장 지역이었고, 냉전기에는 많은 소련 핵무기가 배치되기도 했다. 더구나 1991년 건국 이후 정치적 불안정, 국방력 약화, 경제 불황으로 2014년 크림반도는 러시아로 강제합병 되었고 동부지역은 수시로 내전이 벌어지고 있다. 현재 우크라이나는 인구 4,500만 명, 국토면적 60만Km², 연 국민개인소득 4,000달러로 동유럽에서 러시아를 제외하

광활한 흑토지대 농경지를 걷고 있는 우크라이나군 병사 모습

고 인구·면적에서 가장 큰 나라이다.

'미인의 나라' 우크라이나와 키예프 중앙역 TMO

우크라이나 수도 키예프는 소련연방 당시 모스크바 다음으로 큰 도
시였다. 인구 300만 명의 이 도시는 중앙역을 중심으로 지하철이 잘
연결되어 있다. 구 공산권국가 지하철은 대부분 지하 100-150m 의
깊이를 가졌다. 북한의 평양지하철도 예외가 아니다. 핵전쟁 대피호
로 사용하기 위한 설계였다. 개찰구에서 승강장까지는 에스컬레이터
를 타고 한참을 내려간다. 아래쪽을 내려다보면 현기증이 날 정도다.

우크라이나를 흔히 '미녀의 나라'라고 부른다. 실크로드의 중심국
우크라이나는 숱한 외침에 시달렸고 특히 유목민 몽고족과 슬라브족
의 혼혈이 많았기 때문이라는 속설이 있다. 하지만 가난한 나라의 여
성들이 어렸을 때부터 모델을 꿈꾸며 철저하게 자기관리를 하기 때문
이라는 이유가 더 설득력이 있다. 우크라이나 전국에 약 500개의 모

키예프 지하철 승강장에서 개찰구로 올라가는 에스컬레이터

키예프 중앙역 안의 우크라이나군 TMO 전경

델학교가 있다. 실제 지하철에서 필자보다 키가 작은 여성은 거의 찾아 볼 수 없었다.

키예프 중앙역 2층에는 모래방벽에 위장망을 친 독특한 시설이 보였다. 확인하니 우크라이나군 TMO라고 한다. 민간자원봉사자들이 군인들을 위해 간단한 음료를 제공하는 임시공간이다. 내전 중인 이 나라가 출정 장병들의 편안한 쉼터조차 마련하기 어려운 현실을 보니 안타까운 마음이 들었다.

전쟁망각, 그리고 우크라이나군의 비참한 몰락

우크라이나군 독립의 역사는 1991년 8월 24일로 시작된다. 이것은 소련 예하 공화국이 중앙정부 통제를 벗어나 정규군대를 갖는 최초 선례였다. 우크라이나는 소련으로부터 육군은 병력 780,000명, 전차 6,500대, 대포 7,200문을, 공군은 병력 120,000명, 항공기 2,800대를, 해군은 흑해함대로부터 일부 함정을 인수했다. 항공모함 2척과 순양함 1척도 확보할 수 있었지만 예산 부족으로 포기했다.

소련해체 후 우크라이나는 세계 3위의 핵보유국이었다. 약 4,800개의 핵탄두를 가져 영·프·중국의 것을 합친 것보다 많았다. 하지만 핵무기를 포기하고 대신 미국·EU국가들로부터 안전보장을 약속받았다. 정치인들은 전쟁 가능성은 전혀 없을 것으로 생각했고, 군대를 세금낭비 집단으로 매도했다. 국방장관직을 10년(2004-2014년)동안 9번 교체하면서 정치적 흥정 수단으로 삼았다. 급기야 2010년 징병제 폐지를 선언했다. 하지만 직업군인제에 따른 천문학적인 예산조달 불가로 제도 시행은 계속 연기되었다. 결과적으로는 청년들에게 국가수호의지만 약화시켰고 23년 만에 전쟁수행이 불가능한 국가로 우크라이나는 전락했다.

2014년 크림전쟁에서 러시아군 총격을 받은 우크라이나군 지프차

독립 당시의 우크라이나는 미·러·중국에 이어 세계 4위의 군사력을 보유하고 있었다. 하지만 크림반도를 러시아군이 강점할 때 우크라이나군은 부족한 보급품을 시민기부금으로 보충해야할 정도였다. 많은 군사전문가들은 "인류역사상 그렇게 강력하고 능력 있는 군대가 이처럼 빠르게 몰락한 예는 찾아보기 힘들다"라고 평가한다.

구 소련역사가 오롯이 담긴 키예프전쟁박물관

키예프에서는 조국대전쟁박물관, 아프간전 추모탑, 크림전쟁기념관, 러시아어머니동상 등 곳곳에서 전쟁유적을 쉽게 볼 수 있다. 우크라이나 전쟁역사는 곧 소련역사의 일부이다. 웅장한 키예프전쟁박물관은 제2차 세계대전과 아프간·대외전쟁 자료가 많다. 물론 소련의

키에프 소재 러시아 아프카니스탄 전쟁기념관 전경

키에프 전쟁박물관(좌 하단)과 전시 어머니의 상(우측)

전쟁이었지만 우크라이나인의 활약상을 강조한다.

박물관입구에는 2014년 크림전쟁 당시 러시아군 총격으로 벌집이 된 우크라이나군 지프차가 전시되어 있다. 그리고 다음 전시실부터 1941년 독·소 전쟁 배경부터 1945년 전쟁승리까지의 소련군 투쟁과정이 펼쳐진다. 외적에 대해 공동항전의 역사를 두 나라는 가졌지만 지금은 가장 증오하는 앙숙관계로 변했다. '국제사회에서는 영원한 적도, 영원한 우방도 없다!' 는 말을 전시실은 실증적으로 보여주고 있었다.

우크라이나인들의 한국전쟁 참전기록

전쟁박물관 대외전쟁실에는 의외로 우크라이나인 한국전쟁 참전자료가 있었다. 주로 공군으로 참전한 군인들의 사진 및 훈장·표창장들이다. 또한 한글표기의 북한정부 표창결의서, 인공기와 북한주민,

미그기 조종사 사진들이 전시되어 있다. 안내자는 약 40,000명의 소련군이 만주에서 북한군을 지원했으며 전사자 282명과 다수의 부상자들이 있었다고 하였다.

한반도로부터 수만리 떨어진 우크라이나인들 다수가 한국전쟁에 참전했다는 사실이 놀랍기만 했다.

또한 이들의 후손은 소련의 아프간 침공(1979-1989)시에도 전쟁터

우크라이나인의 한국전쟁 참전기록
(북한정부의 표창결의서)

로 내몰렸다. 박물관 근처 '아프간전 전사자추모비' 앞에서 한 우크라이나 노병을 만났다. 1970년대 그는 고향 친구들과 함께 소련군으로 아프간전에 참전했다. 약 3,000명의 우크라이나 청년들이 목숨을 잃었지만 자신은 기적적으로 고향으로 돌아올 수 있었다고 했다. 이런 숱한 전쟁에서 아쉽게도 그들은 역사적 교훈을 얻지 못했다. 특히 무능한 정치가들은 냉혹한 국제현실을 외면하고 전쟁에 대비하지 못했다. 그 대가로 오늘 날 우크라이나 민초들은 크림전쟁 패배와 러시아 지원을 받는 반정부군과의 내전으로 끝없는 고통을 받고 있다.

키예프시내의 러시아 아프칸전쟁 우크라이나 출신 전몰장병 추모탑

키예프 군사박물관의
크림반도 전쟁사료

2014년 러시아의 크림반도합병은 전형적인 복합전(Hybrid Warfare) 성공사례다. 러시아는 처음부터 교묘한 정치심리전으로 우크라이나를 압박하고 군사개입을 은폐했다. 민간복장의 특수부대는 은밀하게 친러 반군을 지원하였고 결정적 시기에 공중강습부대를 투입, 우크라

애국심고취를 위한 전쟁화 '우크라이나 자유를 위하여'

이나군을 제압했다. 뒤이어 정체불명의 무장세력을 동반한 의문의 크림공화국 새총리가 나타났다. 그는 러시아로의 크림반도 합병요구와 진격적인 국민투표로 98%의 찬성표를 얻어냈다. 또한 러시아군은 국경군사력을 대폭 증강시켜 서방진영 개입을 사전에 차단했다. 속전속결로 단 1달 만에 전투를 끝냈다. 양측 3만 명의 전사자와 110만 명의 난민이 발생했다. 뒤늦게 우크라이나 정부는 징병제를 부활하는 등 국정 최우선 순위를 군사력 강화에 두고 있다. 현재 우크라이나군은 현역병력 255,000명, 예비군 150,000명을 보유하고 있다.

키예프 군사박물관의 크림반도 전쟁사료

키예프군사박물관은 입구에서 크림전쟁 전사자 사진과 길바닥에 꽂힌 로켓포탄이 방문객을 맞이한다. 1층에는 수백 년 전 키예프공국 시기의 군사유물이 전시되어 있다. 하지만 2층은 우크라이나 현대사에서 가장 뼈아픈 '크림전쟁' 사료로 꽉 차있다. 전쟁배경, 전력비교, 러시아군 특수부대, 피격 당해 벌겋게 녹슨 장갑차·탱크사진 등 현대전양상을 생생하게 보여준다. 실전 투입된 쌍방 무기·장비들은 대부

키예프군사박물관의 크림전쟁 전사자 사진과 땅에 꽂힌 러시아군 포탄(우)

분 구(舊)소련제였다. 북한 역시 유사 장비들을 보유하고 있다. 파괴된 장비들을 잘 분석하면 북한군 무기체계의 취약점 파악에도 큰 도움이 될 것 같았다.

이곳에서 전시물 하나하나를 유심히 관찰하는 우크라이나인 이유젠(Eugen)을 만났다. 그는 키예프대학 졸업 후 한 때 모교 교수로 재직했다. 우크라이나 최고의 대학이지만 급여가 너무 빈약했단다. 특히 자신이 관심을 가진 세계전쟁 유적답사 경비 마련은 불가능하였다. 결국 대학을 떠나 일반기업에 취업하여 휴가 시마다 세계격전지를 답사한단다. 더구나 한국 전쟁기념관, 제3땅굴, 부산 UN묘지, 태릉 육사까지 방문 경험이 있었다. 어렸을 적 그의 꿈은 군인이었다. 지금도 크림반도를 빼앗긴 분함을 참지 못해 수시 군사박물관을 찾는다고 했다.

우크라이나도 강한 군대건설을 위한 수차례의 국방개혁을 시도했지만 결국 예산부족으로 실패했단다. 그는 처절했던 전장기록 사진을

2014년 크림전쟁 당시 전선의 우크라이나군 남녀장병

보면서 '만약 우리나라도 한국처럼 잘 훈련된 정예군사력을 가졌더라면 결코 어이없이 영토를 강탈당하지는 않았을 것이다'라고 한탄했다.

러시아특수부대의 은밀한 비밀전쟁

2014년 2월 27일 새벽 04:25분, 30여명의 무장대원들이 크림반도의회를 장악했다. 경비경찰관들을 간단히 제압한 이들은 자칭 '크림주민 자경단'이라고 했다. 뒤이어 기관단총, 저격용 소총, 대전차포로 무장하고 사복 위에 군용헬멧과 방탄조끼를 착용한 무리들이 대거 나타났다. 바로 러시아특수부대원들이었다. 곧이어 러시아군 감시 하에 의회의원들은 '크림반도 주민투표안'을 통과시켰다.

3월 21일, 푸틴 러시아대통령은 크림공화국 합병안에 서명했다. 이 시기 200여 명의 친러시아 무장대가 세바스토폴항 우크라이나 해군사령부를 급습했다. 해군장병 10,000명이 주둔했지만 기지는 이들에게 빼앗겼다. 사기가 죽은 군대 숫자는 의미가 없었다. 3월 26일, 러시아특수부대원과 자경단이 우크라이나 군부대 199개소를 장악하면

크림전쟁 참전부대 군기와 작전상황도 및 관련사진

2014년 크림전쟁 당시 출동준비 중인 우크라이나군

키예프시 변두리의 시외버스 터미널 전경

서 크림전쟁은 러시아 완승으로 싱겁게 끝났다. 당시 우크라이나육군 4만1000명 중 실전투입 가능 병력은 6,000명에 불과했다. 군용차량 배티리는 대부분 방전되어 움직일 수 있는 차량은 극소수였다. 1991년 이후 우크라이나군 대량 감축에 부패한 정치인들이 관여했다. 돈되는 첨단 무기들은 아프리카 등지로 몽땅 빼돌려 뒷돈을 챙겼다. 병사의 손에는 낡은 소총만 남았다. 1992년부터 1997년까지 320억 달러의 무기가 증발했음에도 아무도 처벌 받지 않았다(2014.3.27.조선일보). 현재도 계속되는 동부지역 내전은 평화에 취해 자주국방을 포기한 우크라이나의 자업자득이었다.

세계대전 키예프전투기념관의 야외전시물

'1943년 카예프전투기념관'으로 가는 낡은 시외버스 요금은 400원에 불과했다. 중간 시골 정류소에 내려 한참을 걸어가다 작은 카센타에 들

키예프 외곽 격전지 현장의 제2차 세계대전기념관 전경

려 목적지 위치를 물었다. 차량정비 중인 청년이 자신의 차에 동승하란
다. 신나게 '쌩' 달리더니 눈 덮인 기념관 앞에 내려준다. 어느 곳이나
시골 인심은 순박하다. 하지만 기념관은 굳게 닫혀 있어 야외전시장만
이 관람 가능했다.

  1943년 말 독·소 전쟁 중 동부전선에서는 추축군 318만 명, 소련
군 639만 명이 투입되었다. 그 중 일부 병력이 키예프 외곽에서 격돌
했다. 1944년 5월, 소련군은 크림반도를 포함한 우크라이나 대부분을
확보했다. 이런 작전 경과는 야외전시실 입간판의 전투요도로 잘 그
려져 있었다. 또한 전승기념일의 대규모 행사와 우크라이나군 홍보사
진들도 많이 전시되어 있었다.

국립역사박물관에서 현장학습 중인 우크라이나 육사 1학년 생도들

역사교육으로 애국심 고취하는 우크라이나 육사생도

키예프 국립역사박물관의 현대사실은 2013년 11월의 우크라이나 '유로마이단 혁명' 자료들이 많다. 이 사건은 야누코비치정부의 친러정책에 반대하는 대규모 민중시위를 무력 진압하면서 발생했다. 결국 2014년 2월 23일, 대통령은 탄핵되고 과도정부가 출범했다.

하지만 러시아는 친서방정책으로 급선회한 신정부를 좌시하지 않았다. 즉 친러 무장세력의 크림반도 장악을 적극 지원했다. 이 나라는 최대 위기를 맞이했고 안전보장을 약속한 국제협약은 휴지조각이 되었다. 마침 현장학습 중인 우크라이나 육사생도들을 만났다. 인솔 교관은 조국이 위기에 처했을 때 러시아에 대한 경제제재·외교적 규탄 외 우크라이나를 직접 도와준 국가는 아무도 없었음을 강조한다. 사관학교에 갓 입교했다는 신입생들은 이런 역사교육을 통해 자신들이 국가최후의 보루임을 깨닫는 듯 했다. 박물관을 나서는 생도들이 자율적으로 정확하게 오와 열을 맞추어 학교로 돌아간다. 사관생도 기본교육은 어느 나라나 똑같은 것 같았다.

남
유
럽

스페인
Spain

세계를 제패한 스페인제국의 숨결

유럽 서쪽 이베리아 반도의 스페인(인구 4650만 명, 국토넓이 약 51만 Km²)은 이런 우화를 가지고 있다. 하나님은 스페인에 기름진 땅, 좋은 날씨, 풍부한 자원을 선물했다. 하지만 이런 축복으로 춤·음악으로 낙천적인 삶을 즐기는 스페인 사람들에게 정치적 안정만은 부여하지 않았다. 누군가가 하나님께 여쭈었다. "온갖 축복은 다 주시면서 왜 정치적 안정은 주시지 않습니까?" 하나님 왈, "그것까지 주게 되면 내 곁의 천사들이 모두 스페인으로 달려갈 것이기 때문이다." 그 결과 축복의 땅 스페인은 오랜 기간 정치적 불안정으로 숱한 전쟁, 쿠데타, 내전이 있었다. 이런 처절한 갈등의 역사는 전국에 산재한 군사박물관·전쟁유적지에서 쉽게 찾아 볼 수 있다.

무적함대 역사를 증언하는 마드리드 해군박물관

'대항해 시대'에 세계역사를 새롭게 만든 해양강국 스페인! 15세기 말부터 17세기 중반까지 콜럼부스·마젤란와 같은 탐험가들은 스페인

왕국의 지원으로 대서양·태평양의 새로운 항로를 개척했다. 우수한 항해술, 막강한 해군력으로 수많은 식민지를 확보했고 국가의 부는 쌓여갔다. 그러나 대제국 스페인도 1576년 네덜란드 전쟁패배, 1588년 영국해군에 의한 무적함대 괴멸로 서서히 국력이 쇠퇴하기 시작했다.

마드리드 해군박물관은 1843년 11월 19일, 최초 개관되었다. 이곳에는 1474년 가톨릭 왕조시대부터 현대에 이르기까지 스페인 해군역사의 중요 유물들이 총망라 되어 있다. 전시관 입구에는 콜럼버스·마젤란의 각종 사료, 최초의 세계지도, 대항해시대의 범선 모형들이 대제국의 영광을 재현하고 있었다. 특히 근대에 이르러 스페인 해군전통을 계승해 갈 승조원 양성학교와 사관교육과정 소개 사진은 인상적이었다. 어린아이 모습이 역력한 소년들이 거대한 함포 포신위에

마드리드 해군박물관 입구 전경

1800년대 스페인 해군 승조원 양성학교 전경(해군박물관 전시물)

줄지어 앉아있는 모습에서 당시 스페인이 얼마나 해군력 강화에 국력을 쏟아 부었는지 짐작할 수 있었다.

도시 전체가 세계문화유산인 요새도시 톨레도

마드리드 중앙역에서는 수시로 톨레도(Toledo)행 열차가 출발한다. 역에서 만난 스페인 여학생은 교환학생으로 서울에서 1년 생활했단다. 한국인들의 친절함과 따뜻한 인정, 소주·삼겹살이 가장 기억에 남는다고 한다. 방한 경험이 있는 외국인들의 이런 한국 칭찬에 자신도 모르게 어깨가 으쓱한다. 수백 년 전 세계 최강국 스페인과 조선은 비교대상조차 될 수 없었다. 더구나 불과 60여 년 전, 대한민국은 세계 최빈국 반열에 끼어 있었다. 그러나 오늘날 한국의 1인당 국민소득(GNI) 수준은 스페인과 거의 비슷하다.

마드리드에서 남서쪽으로 약 70Km 떨어진 스페인 옛 수도이며 요새도시인 톨레도! 이 도시를 감싸고 흐르는 타호 강과 높은 절벽은 천

혜의 요새지로서의 완벽한 조건을 갖추고 있다. BC 193년경 로마군이 최초로 이 성채를 건설했고, '참고 견디어 항복하지 않는다!'는 로마어 "톨레툼(Toletum)"에서 지명도 유래했다. 이 도시는 스페인 수도로 약 500년 동안 번성했지만, AD 1560년 통일왕국 등장으로 수도를 마드리드로 이전했다. 톨레도는 스페인 역사를 압축시켜 보여주는 '역사의 나이테'와 같은 곳이다. 시간이 멈춘 듯한 고풍스러운 이 도시 전체가 유네스코 세계문화유산이다. 특히 과거 왕궁을 개조한 군사박물관은 로마시대부터 1930년대 스페인 내전까지 이베리아반도의 처절한 전쟁역사를 일목요연하게 보여준다. 박물관 입구에는 2000여 년 전의 로마군 병영우물이 원형 그대로 보존되어 있다. "톨레도를 보기 전에

요새도시 톨레도와 주변 타호 강 전경 (사진 왼편 가장 높은 첨탑건물이 왕궁을 개조한 군사박물관)

톨레도 스페인 육군보병학교 정문 부근 전경(사관생도들은 모교를 떠나 일정 기간 이곳에서 교육받는다)

는 스페인을 말하지 말라!"라는 말이 이래서 나온 것 같았다.

수백 년 군사전통과 함께하는 스페인 육군보병학교

톨레도 군사박물관 옥상에서 타호 강 건너편 언덕을 보면 'ㅁ'형의 웅장한 석조건물을 볼 수 있다. 그곳은 수백 년 전통을 자랑하는 "스페인 육군보병학교"이다. 박물관직원의 설명에 의하면 장교 과정 생도들은 5년, 부사관 후보생들은 3년 과정의 교육이 사관학교 본교 및 이곳에서 이루어진단다. 현재 스페인 육군병력은 70,000여명에 불과하여 간부 소요는 많을 것 같지 않았다. 외관상 학교 규모는 한국 보병학교의 교육시설보다 다소 큰 느낌을 주었다. 과거 스페인의 수도였고, 숱한 전투가 있었던 역사적 현장에서 후보생 및 장교들이 교육받는 자체가 이미 군 간부가 갖추어야 할 덕목을 스스로 깨닫게 해 주는 듯 했다.

학교 시설을 보다 가까이서 보고자 성곽 길을 따라 내려가 타호 강을 건너갔다. 학교 정문은 한산했고 학교 옆의 넓은 길은 일반인 통행이 가능했다. 3층 높이의 웅장한 석조건물이 울타리를 겸하고 있는 도로를 따라 한참을 걸어가니 철조망 울타리가 나온다. 조명시설이 갖추어진 대형 종합운동장과 영내에 전시된 화포들도 가끔 보였다. 뒤이어 끝이 보이지 않는 광대한 훈련장이 나타났다. 우연히 만난 젊은 청년이 "이 길을 따라가면 톨레도로 갈 수 없다. 이 지역 모두가 군사훈련지역이다"라며 왔던 길로 되돌아갈 것을 조언했다.

스페인 불법이민자들의 처절한 생존투쟁

마드리드시내의 한적한 식당에서 커피를 한 잔 마시면서 보조배낭을 의자 뒤에 걸쳤다. 허리를 숙여 스마트폰 자료를 잠깐 보는 사이 무엇인가 느낌이 이상했다. 고개를 뒤로 돌리니 불과 수초 사이에 배낭이 사라졌다.

"후다닥!" 일어나 식당 밖을 나가니 소매치기는 순식간에 사라지고 없었다. 천만 다행으로 주머니속의 여권은 남아 있었다. 분실신고를 받은 경찰관은 "이런 일은 빈번하게 일어납니다. 최근에는 손님으로 위장하여 호텔·식당 안까지 들어가는 절도범들도 많습니다."라며 대수롭지 않게 이야기한다.

오랜 기간 아프리카·중동지역의 수백 만 난민들이 스페인을 거쳐 유럽 각국으로 유입되고 있단다. 시내 거리 노점상의 상당수가 불법체류자들이다. 그들은 물건을 펼쳐놓은 비닐장판 4곳 귀퉁이에 끈을 묶어 항상 유사시를 대비한다. 경찰단속 시 끈을 잡아당겨 신속한 물건회수와 동시에 현장을 벗어나곤 하였다. 하루하루 생존을 위한 난민들의 처절한 투쟁이 가슴 아프게 느껴졌다.

로마 – 이슬람 – 가톨릭으로 이어진 스페인의 전쟁역사

스페인은 2000여 년 전 로마 지배하에 있었고, 뒤이어 이슬람교도들이 이베리아반도를 수백 년 간 점령했다. 그 후 기독교 세력의 재결집으로 이들을 내쫓은 후, 스페인은 한동안 다양한 왕국으로 분산되었다. 16세기 초 스페인제국은 통합을 이루었지만, 1936년에는 내전으로 수많은 사람들이 목숨을 잃었다. 이처럼 복잡한 역사를 가진 스페인은 오늘날 로마–이슬람–가톨릭 문화가 혼재된 문화유적들이 많다.

세계최고의 토목기술 로마제국 수도교

Trip Tips

마드리드 북서쪽으로 90Km 떨어진 세고비아(Segovia)! 고속열차로 30분 달리면 세고비아 역에 도착한다. 서틀버스를 타고 도심에 들어서면 시내를 가로지르는 웅장한 로마시대 수도교(水道橋)가 방문객을 맞이한다.

기원전 1세기 경 로마제국이 만든 상수도 수로관이다. 이 건축물

세고비아 도심을 가로지르는 로마제국 수도관 전경

은 도시에서 17Km 떨어진 강물을 고지대인 세고비아로 끌어오기 위
해 만들었다. 로마가 제국 곳곳에 세운 수도교 중 가장 온전한 모습을
유지하고 있다. 시내 중심의 거대한 수도교는 길이 728m, 높이 30m,
167개의 2단 아치 형태에 24,000여개의 화강암 덩어리가 사용되었다.
어떤 접착제나 꺾쇠를 사용하지 않고 오직 인력으로 쌓아올렸다. 더
구나 중력을 이용 자연스럽게 물이 흘러가도록 미세한 경사각을 수학
적으로 계산하여 반영했다. 자세히 보면 수도교 전체가 도시방향으로
약간 기울어져 있다. 탁월한 로마인들의 토목기술에 "아!"라는 탄성이
저절로 튀어 나올 수밖에…. 이 건축물은 1800년대 말까지 상수도관
으로 계속 사용되기도 했다.

　수도교 근처에는 젖을 떼지 않은 새끼돼지를 오븐에 구워 파는 통돼
지 식당들이 많다. 세계적으로 널리 알려진 '코치니요 아사도'라는 유
명한 스페인 음식이다. 돼지 껍질은 과자처럼 바삭하고, 살은 부드럽

새끼돼지 통구이 전문 세고비아 식당입구 전경 / 창문 안 유명인사 방문사진이 보이며 식당내부에
한글설명문들이 있음

고 촉촉하다. 담백하면서 냄새가 없어 한국인 입맛에도 맞다.

Trip Tips

식당 안에는 한글 메뉴판은 물론이고 식당 창립역사, 조리과정, 몸보신 효과까지
친절하게 한글로 써서 벽에 부착해 두고 있다.

서울의 유명 맛집 분위기와 비슷하다. 이런 식당에서 에너지를 충분
히 보충한 많은 한국 여행객들이 원기왕성하게 세고비아 시내를 누비
고 있었다.

난공불락의 세고비아성과 스페인 포병학교

수도교 저수탱크가 있는 언덕으로 올라가면 중세시대의 골목길과
대성당이 나타난다. 이 거리 끄트머리에 난공불락의 성체 '세고비아
알카사르(Alcazar de Segovia)'가 버티고 있다. '알카사르'는 아랍어로

왕이 거주하는 장소를 의미한다. 이곳은 오랫동안 스페인 왕궁이었다. 적 침공에 대비 성체 건물 창문을 봉쇄하고, 군데군데 첨탑을 설치하여 적의 동태를 미리 파악했다. 성벽에는 다양한 방향으로 사격 가능한 총안구를 만들고, 밖으로 튀어나온 옹벽은 성위로 기어오르는 적병 머리에 끓는 물이나 바윗돌을 쏟아 붓도록 설계되었다. 성 외곽에는 깊은 해자를 만들어 물을 채웠고, 최후의 순간 왕의 탈출을 위해 물밑으로 비밀통로까지 준비했다. 또한 성체 앞 무기박물관에는 중세 시대 석궁, 칼, 갑옷, 대포 등으로 꽉 차 있다. 예나 지금이나 생존을 위한 투쟁에는 인간의 온갖 지혜가 다 동원된다. 특히 왕궁 이전 후 이곳은 스페인 포병학교로 운용되었으며 부근에는 포병 상징 동상도 있다. 따라서 수백 년 전부터 포병의 요람으로 알려진 세고비아는 그

스페인 왕국으로 사용된 세고비아 성채 전경 /성문 앞 도개교 아래 깊은 해자가 있음

군사적 전통을 이어받아 현재도 도시 근교에 스페인 육군포병학교가 있다.

수천 년 역사를 보여주는 지중해 군항 카르타게나

스페인의 지중해 군항 카르타게나(Cartagena)는 수천 년 역사를 가진 도시다. 널찍한 항만을 감싸고 있는 4개의 반도에는 항구 방호를 위한 철벽요새가 아직도 남아있다. 한국의 군항 진해와 지형이 비슷하다. 이 도시는 BC 3세기 경 건설되어 수백 년 동안 로마제국 해군이 주둔했다. 현재도 스페인해군의 중요한 기지이다.

도시 주변 산정 곳곳에 로마제국 성벽들이 보이고 시내에는 해군군사박물관, 고고학박물관, 로마인 야외공연장이 있다. 특히 해군을 상

카르타게나 바닷가 해군군사박물관 앞에 전시된 화포 /사진 상 건물 좌측 끝부분이 박물관 별관임

징하는 다양한 조각상들이 부두길 주변 곳곳에 있다. 더블 백을 발 앞에 두고 깊은 생각에 빠져있는 수병의 조형물은 당시의 고달픈 함상생활을 상상케 한다. 부두 옆 해군군사박물관 앞에는 중세시대 화포가 줄지어 있고, 박물관 별관에는 1900년대 초 제작된 스페인잠수함이 원형 그대로 보존되어 있다. 부두에서 다소 떨어진 고고학박물관에서는 2000년 전의 주민주거지 · 생활용품 · 무기류들을 볼 수 있고, 로마시대 야외공연장은 무대를 개조하여 오늘날까지 활용되고 있었다. 시내 곳곳에 남아있는 로마군 병영터, 고대 · 중세시대의 건축물을 보니 도시 전체가 거대한 박물관처럼 느껴졌다.

스페인 내전을 엿볼 수 있는 마드리드 공군박물관

스페인 공군박물관은 마드리드 교외 쿠아트로 비엔토스(Cuatro Vientos) 비행장에 있다. 근처 지하철역에서 공군기지 울타리를 따라 한참을 걸어가면 프로펠러와 대형폭탄이 상징물로 서있는 박물관이

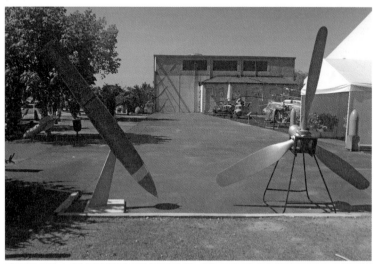

마드리드 교외 스페인 공군박물관 전경/ 멀리 보이는 건물이 박물관이며 내부 및 야외에 수많은 항공기가 주기되어 있다

나타난다. 전시관에는 공군창설 및 발전과정, 주요전쟁 역사사진들이
진열되어 있으며, 실내외에 수십 대의 항공기가 기종별로 주기되어
있다.

특히 1930년대 스페인 내전 당시 독일 · 이탈리아 공군의 무차별 도
시폭격 자료는 이 나라의 아픈 과거를 잘 보여준다. 내전은 1936년 3
월, 좌파 인민전선정부 수립 후 사회적 혼란 속에서 노동자 · 사회주
의자 · 무정부주의자(공화파)와 보수적인 군부 · 기업가 · 가톨릭교회
(국민군파)간의 갈등이 단초가 되었다. 급기야 7월에 양측 충돌로 전
쟁은 시작되었고, 1939년 국민군파의 승리로 끝났다. 그 결과 약 100
만 명이 숨졌고, 이웃 간 뿌리 깊은 증오심과 불신의 상처를 남겼다.

 박물관에는 딸에게 모형항공기에 대해 열심히 설명하는 스페인 부부
이외에는 관람객이 거의 없다. 시내복귀 교통편을 고민하자 선뜻 자신
의 자동차에 동승을 제안한다. 지하철역까지 오는 차안에서 아버지가
딸이 어렸을 적부터 유독 비행기에 관심이 많다고 한다. 아이의 꿈을
"미래의 여성 파일럿!"으로 키워주면 좋겠다는 덕담에 부모들도 흡족
해 했다.

무적함대가 숨쉬고 있는
바로셀로나요새

유럽인들이 가장 살아보고 싶다는 스페인 바르셀로나! 연중 햇살 가득한 지중해성 기후에 다양한 볼거리를 가진 매력적인 관광도시다. 이곳 사람들은 언제나 활기차고 삶에 대한 열정으로 가득 차 있다. 하지만 이런 축복의 도시에도 예외 없이 자신들의 부(富)와 생존을 위해

해양박물관 야외에 전시된 스페인해군 초기잠수정 전경. 정확한 건조 시기는 명시되지 않았다.

곳곳에 견고한 요새를 수백 년 전에 축성했다. 항만 근처의 육군박물관 · 몬주익성채 · 컬럼버스기념탑 · 해양박물관은 바르셀로나인들의 투쟁과 개척정신역사를 생생하게 보여주고 있다.

카탈루냐 독립투쟁과 육군박물관의 스페인 전쟁역사

바르셀로나 사람들은 아직도 자신들을 카탈루냐인이라고 여긴다. 어려서 카탈루냐어를 먼저 배우고, 스페인 국기가 아닌 카탈루냐 주기를 게양한다. 이들의 자치와 독립 요구는 오래전부터 있었고 최근 스페인 경제악화로 그 갈등이 증폭되었다. 중앙정부는 GDP의 20% 이상을 차지하는 부유한 카탈루냐 지방에 더 많은 세금을 부과했다. 지역민들은 반발했고 2014년 주민투표로 독립결의안을 통과시켰다. 그러나 중앙정부는 스페인의 젓줄을 포기할 수 없었고 앞으로도 이 독립은 어려울 것 같다. 개인이나 국가의 생존문제를 서로서로 사이좋게 양보한 인간역사는 단 한 번도 없었기 때문이다.

수많은 요트가 정박한 항만에는 1492년 신대륙을 발견한 컬럼버스 기념탑이 하늘을 찌를 듯이 솟아 있다. 신항로를 개척한 탐험가들의 활약으로 스페인은 엄청난 해외자원 확보, 남미식민지 개척으로 일약 세계강국으로 부상했다. 이 거리를 중심으로 육군박물관 · 해양박물관이 마주보고 있다. 고색창연한 육군박물관 건물은 오래전 무기제조창 및 군사학교였다. 박물관에는 공장건물모형, 총기 · 화포제작과정, 군사교육교재들이 전시되어있다. 또한 몬주익성과 도시근교의 성채사진, 중세시대 전쟁그림은 바르셀로나가 예로부터 전략요충지였음을 알려준다. 특히 오각형 혹은 별모양 요새는 전투간 상호지원이 가능토록 과학적으로 설계했다. 성채 및 해자규모, 높고 견고한 성벽 등은 상상을 초월할 정도의 대규모 토목공사가 뒤따라야 했다. 마지막

바르셀로나 육군박물관 전경. 박물관 뒤편 건물은 현재 군사시설로 사용되고 있으며 출입구에는 무장군인이 배치되어 있다.

전시실은 스페인 내전역사, 육군발전과정, PKO 활동자료 등으로 군 홍보도 병행하고 있었다.

바르셀로나 항만의 파수꾼 웅장한 몬주익 성채

┌─ Trip Tips ─────────────────────────────
바르셀로나 관광 명소 몬주익공원은 1992년 올림픽 마라톤 경기에서 황영조 선수가 당당하게 금메달을 목에 걸었던 곳이다. 지금도 이 공원에는 황영조 기념동상이 있다.
└───

케이블카로 공원 꼭대기에 오르면 탁 트인 지중해 전경과 웅장한 몬주익성이 나타난다. 성채 밑 바르셀로나 항만에는 크레인이 줄지어 있고 대형 크루즈선들이 바삐 오고간다. 해자를 건너 요새내로 들어가면 견고한 석조건물과 수많은 격실의 지하구조물들을 만난다.

1640년 최초 건설한 이 요새는 개·증축을 반복하면서 완벽한 방어진지로 변신했다. 스페인 내전 당시 이곳에서 치열한 전투가 벌어졌고 국민군(프랑코파)을 지원하는 150여대의 이탈리아 공군기가 이 요새를 폭격했다. 공화파는 격렬하게 저항했지만 1939년 초에 결국 패배했다. 내전 후 프랑코 정부는 이곳을 공산주의자 수감 감옥으로 활용하다가 1960년대 무기박물관으로 개조했다. 오늘날에는 한여름 밤의 영화 페스티벌 개최지로도 유명하며 시민들의 훌륭한 산책로로 사랑받고 있다.

성곽 곳곳에는 적 함대격퇴 및 항만보호를 위해 많은 화포들이 거치되어 있었으나 이제 그 수명은 다한 듯 했다. 고성능 폭격기·장거리 미사일이 전장 주역이 된 현대전에서 더 이상 요새 의미는 없어졌다. 화포는 녹슬고 포상에는 잡초까지 듬성듬성 나있다. 하지만 이 유적들은 '나도 한 때 제국의 영광을 위해 내 청춘을 다 바쳤소'라고 방문

몬주익 공원정상의 요새입구 전경. 사진 좌측에 1800년대 말 화포가 보이며 깊은 해자다리 좌측이 외성, 우측이 몬주익 요새 내성이다

객들에게 이야기하는 듯 했다.

해양박물관의 중세시대 전쟁포로 · 노예 실상

바르셀로나 해양박물관은 과거 조선소를 박물관으로 개조한 건물이다. 실내로 들어서면 700여 년 전 해양강국과 무적함대의 역사를 금방 이해할 수 있다. 5대양 6대주를 누볐던 범선, 해상전투역사, 선박 제조과정, 도크시설등이 실물 · 디오라마 · 사진으로 전시되어 있다.

그러나 당시 무적함대의 이면을 알려주는 자료들은 관람객들의 마음을 아프게 한다. 중세시대 갤리선(전투함) 동력은 선체 위의 돛과 수십 개의 노에 의존했다. 해상전투에서의 결정적 승패요인은 선박속도와 신속한 방향전환이었다. 이런 전투요소의 주역은 보이지 않는 배 밑바닥의 노꾼들이었다. 대부분 전쟁포로·노예들인 이들은 북소리에 맞추어 죽을힘을 다해 노를 저었다. 지휘자는 수시로 사정없이 채찍으로 등짝을 내리치며 독려했다. 노꾼들의 발목에는 쇠고랑이 채워졌고 침실과 식당은 따로 없었다. 앉은 자리에서 짐승처럼 음식을 먹고 그대로 쓰러져 잠들었다. 갤리선이 침몰하면 노꾼들은 배와 함께 바다에 수장되었다. 이들의 평균 생존 기간은 불과 2년 내외. 이처럼 제국의 영광 뒤에는 패전국과 약소국에서 끌려온 포로·노예들의 처참한 사연이 숨어 있었다.

실시간 세계로 중계된 바르셀로나 테러사건

Trip Tips

최근 빈발하는 '묻지마! 테러'로 스페인 다중밀집지역이나 기차역에는 빠짐없이 X-ray투시기, 금속탐지기들이 설치되어 있다.

자신과 가족들의 안전이 테러로 언제든지 위협받을 수 있다는 생각에 불편을 호소하는 사람은 찾아보기 힘들다.

해양박물관 근처 람블라스 거리! 이곳은 다양한 식당·상점들이 밀집되어 있어 관광객들로 항상 북새통을 이룬다.

2017년 8월 17일 17:00경, 요란한 앰불런스 경적소리와 함께 지하철역 출입계단 철문이 자동적으로 내려왔다. 역무원이 람블라스 거리에서 정체불명의 밴 차량이 인파가 넘치는 보행로로 뛰어들었다고 전해준다. 곧이어 시내상공에는 대테러작전 지휘용 헬기가 나타났고 경찰은 시민들이 신속히 사건현장에서 벗어나도록 유도한다. 벌써 실시간으로 스마트 폰에서는 테러사건 희생자는 사망 13명, 부상자가 100여 명이라고 보도한다. 대중교통 운행 중단으로 대부분의 사람들이 걸어서 귀가했다. 차량테러는 이슬람 극단주의자 소행으로 밝혀졌다. 주요 사건·사고가 순식간에 전 세계로 전파되는 것을 보고 정말 "지구촌"에서 우리가 살고 있음을 실감할 수 있었다.

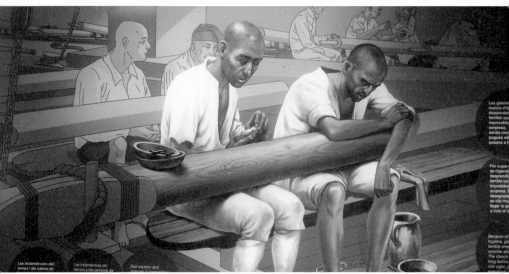

해양박물관내 스페인 갤리선(전투함)의 노꾼생활 그림. 주로 전쟁포로·노예들인 노꾼에 대해 박물관 자료는 자세하게 설명하고 있다.

테러사건이 일어났던 바르셀로나 람블라스 거리 전경/ 많은 관광객들이 몰리는 거리이며 부근에 카탈루냐 광장이 있다.

포르투갈
Portugal

해양제국 포르투갈의 자부심이 살아 있는
대항해시대 유적

이베리아 반도의 스페인에 둘러싸인 나라 포르투갈! 인구 1,053만,
1인당 국민소득 22,000달러, 면적 9.2만 Km²(한반도 2/5)의 작은 나
라다. 지형적으로 스페인에 차단된 포르투갈은 대륙으로의 영토 확장
은 불가능했다. 결국 바스코 다가마, 마젤란 등 탐험가들이 해외로 눈
을 돌려 15세기 최초로 대항해 시대!를 열었다. 아프리카 · 남미 · 아
시아로 진출하면서 본토 100배 넓이의 식민지를 확보했다. 하지만 16
세기말부터 국력이 쇠퇴하기 시작하여 1970년대 아프리카 식민지들
조차 마지막으로 떨어져 나갔다. 현재 포르투갈은 유럽 귀퉁이에서
전세살이 국가처럼 조용히 지내지만 대부분의 국민들은 옛 해양제국
에 대한 강한 자부심을 가지고 있다.

중세 · 근대 · 현대가 함께 살아 숨 쉬는 리스본

포르투갈 수도 리스본은 이베리아 반도에서 가장 긴 테주(Tejo)강과

대서양을 끼고 있는 아름다운 도시이다. 중세부터 항구도시로 발달했고 대항해 시대 개막과 더불어 잇따른 신대륙발견으로 최고의 전성기를 누렸다. 1775년 대지진으로 도시 대부분이 파괴되어 화려했던 리스본 역사는 과거 속으로 사라졌다. 하지만 포르투갈인 들의 끈질긴 노력으로 파리를 닮은 아름다운 도시로 재탄생하였다. 오늘날 바다같이 넓은 테주 강변의 리스본은 7개의 도시언덕 어느 곳에서 보아도 아름답다.

Trip Tips

좁은 골목길과 언덕을 구석구석 오르내리는 편리한 노란색 트램, 순박하고 친절한 시민, 저렴한 물가는 여행자들의 마음을 사로잡는다.

인구 200만의 크지 않은 도시지만 근대성곽, 대성당, 대항해시대 유적, 군사역사박물관 등 볼거리가 꽉 차 있다. 손바닥만한 국토를 가졌던 유럽의 변방국가 포르투갈! 그들이 어떻게 세계를 제패했는지에

시내 골목길 구석구석을 다니는 리스본의 노란색 트램

관심을 가진다면 흥미로운 역사유적을 정말 많이 볼 수 있는 곳이 리스본이다.

대항해 시대를 이끈 진취적인 포르투갈인

리스본 구시가지 중심에 있는 웅장한 제로나무스 수도원, 이 건물은 항해왕자 엔히크와 탐험가 바스코 다가마를 기리기 위하여 170년간의 공사를 거쳐 완공되었다. 외양은 밧줄·해초·돛 등 해양제국을 상징하는 화려한 조각으로 꾸며져 있고 내부에는 바스코 다가마 시신이 안치되어 있다. 수도원 회랑 끝부분에는 포르투갈 역사를 증언하는 해양박물관이 있다. 이곳에는 다양한 범선모형, 신항로 세계지도, 해군역사자료가 전시되어 있다.

바다에 연해 긴 직사각형 모양의 포르투갈은 845Km의 해안선과 강 하구마다 잘 발달된 항구가 많았다. 15세기경 프랑스를 비롯한 유

리스본 구시가지에 있는 제로나무스 수도원/ 사진 좌측 건물 끝 부분에 해양박물관이 있음.

럽제국들은 내부통일을 위해 진통을 겪고 있었다. 그러나 당시 인구 100만 명에 불과했던 포르투갈인들은 진취적인 해양성 국민기질을 가졌다. 더구나 엔히크 왕자까지 발벗고 나서 해양산업 발전과 신항로 개척을 적극 지원했다. 르네상스 영향으로 지리학·천문학·항해술은 크게 발전했고, 기독교를 온 세계에 전파하고자 하는 종교적 사명까지 더해졌다. 수많은 해외 원정대가 아프리카·인도양·동남아·일본열도까지 항로개척과 자원 확보를 위해 떠났다. 박물관의 많은 세계지도에 말라카·필리핀·일본항로는 명확하게 표기되어 있으나 아쉽게도 한반도는 전혀 보이지 않는다. 이런 역사적 격랑기에 당시 조선은 명분·이론만을 중시하는 성리학이 사회를 지배했고, 서구의 변화를 까맣게 몰랐다. 결국 한반도는 1543년 포르투갈 조총을 일찍이 받아들인 일본에 의해 훗날 전국토가 짓밟히는 운명에 처해졌다.

태주 강변의 벨렝 탑 전경/ 스페인 식민지 시절에는 포르투갈 독립투사·정치범 감옥으로도 사용되었다.

곳곳에 남아있는 대항해 시대의 역사유적

리스본 테주 강변공원에는 호기로운 항해왕자 엔히크가 뱃머리에서 먼 바다를 응시하는 '발견의 탑'이 있다. 해양국가 포르투갈의 기초를 쌓았던 엔히크 탄생 500주년을 기념하여 세운 웅장한 조각상이다. 지금이라도 당장 출항명령을 내릴 것 같은 그의 뒤에 바스코 다가마 · 콜럼버스 · 마젤란 등 대항해시대 인물들과 항해기사 · 천문학자 · 선교사들이 뒤따르고 있다.

'발견의 탑'에서 멀지않은 곳에는 오랜 항해로 지쳐 돌아오는 해외원정 선원들을 국왕이 직접 나가 맞이했다는 '벨렝 탑'도 있다. 탑의 모양이 드레스 자락을 늘어뜨린 귀부인의 모습을 닮았다고 해서 '테주 강의 귀부인'으로 불리기도 한다. 이곳은 또한 수많은 상선들이 식민지 인도 · 브라질에서 희귀 향료와 금 · 은 보화를 잔뜩 싣고 돌아올 꿈을 꾸면서 출항한 출발점이기도 했다. 현재는 포르투갈 옛 영광의 흔적을 보고자 매일같이 수많은 여행객들이 몰려드는 관광명소로 변했다. 이처럼 리스본 곳곳에는 대항해시대가 남긴 많은 역사유적들이 곳곳에 남아있다.

해양제국의 영광과 전몰용사 추모기념관

테주 강 언저리의 전쟁기념관 추모비 앞에는 24시간 의장병들이 부동자세로 서 있다. 포르투갈은 브라질을 포함한 세계의 식민지 운영을 위해 강력한 군대양성이 필연적 이었다. 특히 1914년 제1차 세계대전부터 1970년대 아프리카 식민지 전쟁까지 이 나라 청년들은 엄청난 피를 흘려야만 했다. 제1차 세계대전 시 연합군에 가담한 포르투갈은 아프리카 · 유럽에 많은 병력을 파병했고, 기념관에는 의외로 참호전 · 독가스전 자료들이 많이 있다.

전쟁기념관 정문부근의 전몰용사추모탑/ 2명의 의장병이 추모탑 앞에 항상 서 있다.

말라카 역사박물관내의 포르투갈 국기/ 맨 좌측 포르투갈에 이어 우측으로 네덜란드 · 영국 · 일본국기가 보임.
전략요충지 말라카의 역사적 변화과정을 잘 보여주고 있다.

기념관 학예사 알메이다 씨는 오래전 말레이시아 말라카의 전쟁유적지를 답사했단다. 필자도 말라카 방문경험이 있다고 맞장구를 치니 그는 포르투갈의 아시아 진출역사를 쏟아 놓는다. "500여 년 전, 우리 선조들이 말라카를 거쳐 먼 일본까지 목숨 걸고 항해한 흔적들을 보고 깊은 경외감을 느꼈다. 특히 말라카 해협에서 침몰했던 범선 '플로라데 라 마르'호 (이 배는 복원되어 현재 해양박물관으로 운용되고 있음)의 선상생활은 감옥이나 다름없었다. 조국을 대제국으로 우뚝 세운 당시 선원들의 강인함이 너무 인상적이었다."라며 은근히 선조들에 대한 자부심을 내비치기도 하였다.

　　사실 수백 년이 지난 오늘날까지도 중동-인도양-태평양 항로상의 '말라카'는 '싱가포르'와 함께 세계적인 전략요충지다. 이런 이유로 이곳은 포르투갈-네덜란드-영국-일본에게 차례차례 점령당한 비운의 역사를 가졌다. 누가 선이냐 악이냐를 따지기 전에, 이처럼 세계역사는 '강자 존(强者 存)'의 원칙이 오늘날도 계속되고 있다.

조선 · 일본에 전해진 포르투갈 조총!
그러나 그 결과는 너무 달랐다.

　포르투갈의 국제선 및 국내선 열차 대부분이 출 · 도착하는 리스본 '산타 아폴로니아 역'. 바로 이 기차역 건너편의 고색창연한 건물이 포병역사박물관이다. 내부에는 1143년 포르투갈의 최초 왕조시대부터 1918년 제1차 세계대전까지의 화포발전과정, 각종 무기류, 식민지 개

리스본역 앞의 포병역사박물관 야외에 전시된 대항해시대 화포들

척 자료가 있다. 또한 16세기경 포르투갈과 중국·일본무역, 항로지도, 중세·근대 대포 등을 전시하고 있다. 일부 전시 코너의 일본무사 갑옷·투구는 당시 양국 간 활발한 교류가 있었던 것으로 보여 졌다. 특히 포르투갈은 대항해시대 개막과 동시 우수한 무기개발에 전력투구한 흔적이 박물관에 고스란히 남아있다.

조선·일본의 운명을 결정한 포르투갈 조총

15세기 말엽 바스코 다가마가 인도항로를 개척하면서 해외원정대는 앞 다투어 동방탐험의 길로 뛰어 들었다. 1513년 포르투갈인이 최초 중국에 도착한 후, 많은 무역상들이 마카오로 몰려들었다. 명나라는 이 도시를 제일 먼저 개항했지만, 결국 포르투갈이 100년 간 실질적으로 점령한다.

1543년 9월 23일, 일본 가고시마 남쪽의 작은 섬 다네가시마에 포르투갈 선원들이 상륙했다. 이들은 도주(島主)에게 조총의 시범사격을 보여주었다. 바위 위에 술잔을 놓고 작대기에 눈을 대니 번쩍하는 번개와 함께 천둥소리가 났다. 잔은 박살났고 사람들은 두려움에 떨

최초 조총에서 근대적 소총으로 발전되는 과정을 보여주는 총기류 전시물

었다. 도주는 거금을 주고 이 신무기를 구입했고 화약제조법도 배웠다. 1549년 일본은 조총(철포)부대를 창설했고, 1590년 도요토미는 이 부대를 앞세워 일본열도를 통일했다.

비슷한 시기인 1554년 5월 21일, 조선의 비변사가 명종에게 왜인 평장친(平長親)이 가져온 조총을 제작할 것을 건의했으나 묵살 당했다. 뒤이어 1589년 7월 1일, 대마도주 평의지(平義智)가 선조에게 조총 수삼 정을 바쳤다. 왕은 이 신무기들은 무기고에 보관토록 지시했다. 3년 후 임진년, 일본 조총부대는 순식간에 조선을 짓밟았다. 서애 유성룡은 "적이 제 손으로 신무기를 거듭 바쳤음에도 알아보지 못했다. 조선의 기술력으로도 충분히 조총을 만들 수 있었는데…"라며 통탄했다. 당시 위정자들은 약육강식의 살벌한 국제사회 현실에 너무나 둔감했다. 결국 전쟁참화의 비극은 착하디착한 민초들이 고스란히 덮어썼다.

임진왜란 사료와 참전 포르투갈 병사 이야기
임진왜란이 끝난 1599년 4월, 명나라 군사 14만 2천여 명이 귀국하

포병역사박물관 내부의 근대전쟁 관련 군사장비 전시물 전경

는 전경을 그린 천조장사전별도(天朝將士餞別圖)의 해설서 내용이다.

"불랑국(佛郞國)에서 온 병사 4명은 검은 살결과 노란 머리를 가졌다. 그들은 잠수를 잘하여 바다 속으로 들어가 적선을 뚫는데 큰 공훈을 세웠다. 명나라 장수가 선조를 알현할 때 같이 온 이들은 검술시범을 보여 은 한 냥을 상금으로 받았다." 1577년 이미 마카오에는 포르투갈 해군이 주둔하고 있었다. 이들 중 일부가 명군과 함께 임진왜란에 참전한 것으로 역사학자들은 해석한다(출처: 임진왜란에 참전한 포르투갈인들, 주한 포르투갈 문화원).

┌─ **Trip Tips** ─────────────────────────────

이처럼 조선과 포르투갈의 첫 만남은 전쟁터에서였다. 400여 년이 흐른 오늘 날, 많은 한국인들이 포르투갈 여행을 즐긴다. 특히 국제선기차를 이용하는 여행객들은 대부분 '산타 아폴로니아 역'에서부터 포르투갈 체험을 시작한다. 전쟁역사나 무기체계에 관심이 있다면 역 건너편 포병역사박물관의 방문을 꼭 권하고 싶다.

└──────────────────────────────────────

성곽으로 둘러싼 아름다운 포루투 시내 전경

포르투(Porto)는 포르투갈 제2의 도시이며 대서양으로 흐르는 도루(Douro) 강 하구에 위치해 일찍부터 항구도시로 발달했다. 고대 로마가 이 도시를 지배할 당시의 지명 '포르투스 칼레'가 '포르투갈' 국가명으로 변했다.

숙소에서 만난 실바(Silva)는 현지인들과의 자유로

아름다운 포루투갈 포루투 시내 전경

운 언어소통으로 단연 인기가 좋다. 그는 약 200여 년 포르투갈 지배를 받은 브라질 청년이다. 더구나 영어·스페인어까지 능통하여 세계여행에 아무런 불편이 없다고 한다. 현재 포르투갈어는 중국어, 영어, 러시아어, 스페인어 다음으로 세계에서 많이 사용되는 언어이다. 그 사용인구는 약 2억 2천만 명에 달한다.

포루투 강변 언덕에는 독특한 건축양식의 건물이 즐비하고 할리우드 세트장 같은 거리 역시 이색적이다. 크루즈 선으로 도루 강을 따라 내려가면 양옆으로 펼쳐지는 멋진 풍경은 넋을 잃을 정도다. 그러나 자세히 보면 높은 언덕, 고궁은 대부분 견고한 성벽들이 둘러싸고 있다. 오래 전부터 이곳은 전략요충지였고 알려지지 않은 숱한 전투도 있었을 것이다. 수백 년 전의 건축물로 이루어진 이 작은 도시에 군사박물관이 3개소나 있다. 특히 하류 부근의 성곽 안에는 아직도 군부대가 주둔하면서 군사박물관을 관리하고 있다. 한 때 세계를 제패했던 포르투갈인들은 자랑스러운 과거의 군사전통을 이렇게 보존하고 있었다.

육군박물관이 전해주는 아프리카 식민지 전쟁

시내 변두리의 포루투 육군박물관은 군사역사관과 야외전시장을 갖춘 작은 규모이다. 대부분의 포르투갈 군사박물관은 현역군인들이 직접 관리한다. 현재 포르투갈군은 병력규모가 3만 명(육군 15,400명, 해군 8,050명, 공군 6150명) 내외이며 모병제이다. 6년차 군복무를 하고 있다는 박물관 관리병은 다소 나이가 들어 보였다. 군전역자들에게는 공무원 임용 우선권과 상당한 퇴직금이 주어진다고 했다. 이 박물관에는 1960,70년대 포르투갈군의 식민지전쟁 사진자료들이 많았다.

포르투갈은 1951년 식민지법 개정으로 '식민지'용어 대신 '해외영

포루투의 육군박물관 전경/ 건물 뒷편에 별도의 별관과 야외전시실이 있다

토'라는 표현을 사용했다. 그리고 해외영토 거주민들을 포르투갈인으로 귀화시키려고 노력했지만 실패했다. 뒤이어 1961년 앙골라, 1968년 기네, 1969년 모잠비크에서 식민정책에 대항한 무장독립투쟁이 일어났다. 소련을 포함한 공산권 국가들의 무기지원은 반란군 진압 작전을 더욱 힘들게 했다. 결국 1974년 4월, 포르투갈 군부의 정권 장악으로 기나긴 아프리카 식민전쟁은 막을 내렸다. 울창한 밀림과 열악한 보급지원 하에서 악전고투하는 포르투갈군 기록사진들은 옛 제국의 영광을 되찾고자 안간힘을 쓰는 듯이 보여 안타까운 마음이 들기도 하였다.

이탈리아
Italy

로마제국의 후예 이탈리아의 전쟁역사

스위스에서 출발한 초고속열차는 불과 2-3시간 만에 알프스의 험산준령을 통과한다. 기원전 8세기부터 시작된 로마역사의 발상지 이탈리아! 로마제국은 1500여 년 동안 유럽, 중동, 아프리카지역을 지배했다. "유럽의 모든 문명은 로마에서 시작된다!"는 말처럼 '서구문화의 뿌리는 이탈리아'라고 해도 과언이 아니다.

세계 관광대국 이탈리아의 실상

Trip Tips

알프스를 벗어나 이탈리아 북부지방으로 들어오면서 차창 밖의 풍경이 스위스·오스트리아와는 확연하게 다르다. 한국 고속열차와는 달리 장거리 운행을 염두에 둔 구조인 것 같다. 일등석보다 훨씬 더 고급스러운 이그제큐티브(Executive)실은 항공기 비즈니스 석과 비슷하다.

어느 덧 차내 방송은 피렌체(Firenze) 도착을 알린다. 알프스 고산지대의 선선한 기후와는 달리 이 곳은 여름 낮 최고기온이 섭씨 42도까

산타 마리아 노벨라 교회 입장을 기다리는 관광객들

피렌체 주요 관광명소에 배치되어 있는 무장군인들

지 치솟곤 했다.

　피렌체는 15세기경 르네상스 중심지로 지금까지도 중세시대 성당, 박물관, 미술관 등을 통 채로 볼 수 있다. 특히 산타 마리아 노벨라 교회는 유명한 관광명소로 약 800여 년 전에 건립되었다. 성당 내부관람을 위해 끝이 보이지 않을 정도로 긴 줄이 만들어져 있다.

> ┌─ **Trip Tips** ──────────
> 매표소로 가니 당일 표는 이미 매진이고 다음날 표만 있단다. 관광대국 이탈리아의 실체다.

　성당입장을 포기하고 외관이나마 돌아보고자 큰길로 나왔다. 쫙 깔린 무장군인들이 기관단총을 비껴 매고 군중들을 지켜본다. 빈발하는 유럽의 테러에 대비 관광객 보호와 무력시위가 목적인 것 같았다. 정예 직업군인들인 이들은 한결같이 체격이 우람하다. 경계병들은 조준경이 부착된 기관단총, 소형무전기, 개인권총까지 휴대했다. 베레모 귀밑까지 바싹 깎아 올린 짧은 머리는 이탈리아군의 엄정한 군기까지 보여준다.

로마 베네치아 광장의 이탈리아 독립기념관

독립기념관이 말하는 이탈리아 역사

로마 베네치아 광장에는 웅장한 독립기념관이 자리 잡고 있다. 1861년 이탈리아 통일을 기념하기 위한 전시관이다. 건물 꼭대기의 기마상은 로마 전성기를 형상화 했으며 2명의 의장병이 무명용사 추모비와 '꺼지지 않는 조국의 불'을 지키고 있다. 바로 이곳에 이탈리아 독립투쟁사와 각종 전쟁기록·무기들이 전시되어 있다.

이탈리아 반도는 AD 476년 서로마 제국 멸망 이후, 통일왕국이 수립되기까지 각 지역별로 복잡한 역사를 가지고 있다. 한때는 지중해 교역의 중심지로 부상했지만 18세기에는 오스트리아가 지배했다. 그후 프랑스혁명의 영향으로 독립운동이 시작되어 드디어 1861년 다시 통일국가를 이루었다. 하지만 1923년 무솔리니 강권 통치가 시작되었고, 결국 제2차 세계대전 시 추축국 동맹국으로 참전했다가 파국을 맞이했다. 광장 건너편에는 참전을 선포한 무솔리니 궁전이 아직도 남아있다.

1940년 5월, 독일군 전격전에 프랑스가 주저앉는 것을 본 무솔리니는 강한 충격을 받았다. "독일은 역사를 만들고 있는데 우리는 무엇을 하고 있는가?"라며 그는 열변을 토했다. 독재자 망상은 국민들을 지옥의 불길로 끌고 들어갔다. 드디어 1940년 6월 21일 프랑스를, 7월 4일 수단을, 8월 4일 영국령 소말리아를, 9월 13일에는 이집트를 공격했다. 곳곳에 전쟁 불꽃을 점화한 무솔리니는 10월 28일에는 그리스까지 침공한다. 1941년 12월 8일 일본이 진주만을 기습 후, 독일·이탈리아의 대미 선전포고를 요청하자 무솔리니는 기꺼이 수락했다. 당시 이탈리아군은 대부분의 전투에서 연전연패를 거듭하고 있었다. 놀랍게도 이탈리아 육군은 최대 250만 명까지 확장되었으나 장비부족으로 보병사단의 경우 영국·독일군 전투력의 60-70% 수준에도 미달했다. 1943년 전쟁에 지친 국내 민심은 급변했다. 급기야 국가 평의회는 무솔리니를 실각시키고 그를 연금했고 신정부는 9월 8일 연합군에 항복을 선언하였다.

관람하기 힘든 로마의 군사박물관

연합군 상륙, 무솔리니 체포, 이탈리아의 일방적 항복에 히틀러는 기민하게 대응했다. 독일군은 100만 명의 이탈리아군을 즉각 포로로 잡아 군수공장이나 방어선 건설현장으로 끌고 갔다. 독일군 특수부대에 의해 극적으로 구출된 무솔리니는 잔존 파시스트들로 '살로 공화국군'을 다시 만들어 연합군에 저항하기도 했다. 이처럼 복잡한 이탈리아군 역사를 보다 자세하게 알고자 군사박물관을 찾아 나섰다.

 로마시내의 군사박물관은 보수 중이었다. 또 다른 교외의 육군박물

병영 내에서 만난 이탈리아군 군인 가족

관을 보고자 기차·시내버스로 근처까지는 갔지만 위치를 정확히 아는 사람이 없다. 우연히 만난 여군 부사관이 근처 부대에 박물관이 있다고 했다. 정문 초병에게 박물관 출입을 요청하니 별 말 없이 여권을 요구한다. 넓은 영내의 길게 뻗은 주도로를 따라 한참을 가니 갈색 건물 앞에 구형 화포들이 전시되어 있다. 그러나 정문은 잠겨있고 박물관 표시판도 없다. 가로수 밑에서 큰 개와 여유 있게 산책하는 여성에게 다시 묻을 수밖에 없었다. 황당하게도 그 건물은 육군군수학교였다. 그녀는 이 기지에 근무하는 장교가족(여, Cuppone)이었고 남편의 해외근무(미국·벨기에) 시 많은 한국군을 만났다며 친절하게 이것저것 이야기 해주었다.

현재 이탈리아는 모병제를 시행한다고 했다. 청년들은 만 18세가 되면 입대 희망여부를 밝힌다. 현역복무자들은 엄격한 검증과정을 거쳐 소수 인원만이 선발되며, 군복무에 따른 혜택은 직업군인 기회제공, 전역 후 취업알선, 대학등록금 지원 등이 있다. 또한 지원자는 대체로 경제적으로 어려운 이탈리아 남부출신들이 많다고 했다.

> **Trip Tips**
>
> 이 기지 내부로는 시내버스가 다니며, 좌우측 학교기관과 병영은 별도 출입문으로 통제하였다. 육군박물관은 반대편 위병소 근처에 있었으나 하절기 휴가시즌에는 장기간 폐쇄한다고 하였다.

생생한 이탈리아군의 역사를 보고자 어렵게 목적지까지는 왔지만 결국 그 꿈은 허망하게 사라지고 말았다.

전쟁 포화 속에서도
오롯이 보존한 로마문화유적

로마는 유럽인들의 정신적 고향 바티칸 시국이 있고, 과거-현재가 공존하는 3,000년 이상의 역사와 신비로움을 간직한 고도(古都)이다. 제2차 세계대전 시 이 도시의 독일군은 1944년 6월 4일 야간에 조용히 사라졌다. 이로써 연합군과의 처절한 시가전은 피할 수 있었고, 콜로세움을 포함한 값진 문화유산들은 온전하게 보존될 수 있었다.

세계 최고의 건축술을 가진 고대 로마인

로마 제1의 문화유산 콜로세움(Colosseum)은 베스파시아누스 황제(AD 72)가 건축을 시작해서 그의 아들 티투스 황제(AD 80)가 완성했다. 4층 원형경기장은 장축 187m, 단축 155m, 높이 48m의 타원형 건물이다. 약 5만 명의 관객이 지켜보는 가운데 치열한 검투사 대결, 맹수와의 싸움 등 목숨을 건 잔인한 경기가 이곳에서 개최되었다. 또한 경기장에 물을 채워 모의 해상전투까지 벌이기도 했다. 주로 전쟁 포로

로마시내의 골로세움 전경과 입장하는 관광객

인 검투사들은 시합에서 이기면 자유의 신분이 주어졌다. 죽음을 무릅쓴 혈투에 관중들은 열광했으리라. 경기장 나무 바닥 위에는 모래를 깔았고 지하실에는 검투사 대기실이나 맹수 우리로 활용했다. 콜로세움의 건축목적은 국가 부(富)의 축적으로 풍족한 삶을 즐기는 로마시민들에게 볼거리 제공과 정치적 불만의 사전 차단에도 있었다.

그러나 2,000여년의 세월 동안 화재, 대지진으로 한쪽의 외부 벽면은 완전히 무너졌다. 요즈음은 매일 같이 몰려드는 관광객들로 콜로세움은 홍역을 앓고 있다. 따라서 출입인원 통제, 접근제한지역 설정 등으로 이 건축물의 보존을 위해 노력하고 있다.

로마 진격을 염두에 둔 안지오(Anzio) 상륙작전

세계문화유산의 보고(寶庫) 로마도 제2차 세계대전 중 날름거리는 전쟁 화마에 몇 번이고 휩싸일 뻔 했다. 1943년 10월, 이탈리아반도에 상륙한 미·영 연합군은 로마를 향해 밀고 올라왔다. 그러나 진격로는 너무나 험준했고 이미 독일군은 난공불락의 방어선을 준비해 두고 있었다. 이런 전황 타개를 위해 연합군은 1944년 1월 22일, 로마로부터 불과 50Km 떨어진 항구도시 안지오로 상륙했다.

┌─ **Trip Tips** ─────────────────────────────
│ 로마 테르미니 중앙역에서 완행열차를 타고 1시간 정도 가면 지중해 연안의 안지
│ 오 시골역이 나온다. 한국 읍 소재지와 비슷하여 버스도 탈 필요 없이 걸어 다녀도
│ 시내 답사는 가능하다.

역에서 가까운 전쟁박물관은 단독 건물로 작은 공원 안에 있었다. 그러나 아쉽게도 이곳도 "휴관"이다. 이탈리아 입장에서 전쟁 당시 적군이었던 연합군 전쟁역사를 적극 홍보하고 싶은 의지는 없는 듯 했다. 외부 전시물들만 둘러보고 격전지 해변을 찾아 나섰다. 다행히도

안지오 상륙작전이 시행된 백사장 전경

소형 선박들이 줄지어 있는 부두에 '상륙작전 70주년 기념탑'이 우뚝
커니 서 있다. 주변에는 전쟁 당시 사진들과 참전국 국기가 전시되어
있다. 어렵게 알아낸 상륙지역을 찾아가니 피서객들이 꽉 들어차 있
다. 자료사진과 주변지형은 비슷했으나 확신하기는 어려웠다. 당시
미 제6군단 병력 4만 명이 안지오 부근 지역을 점령했고, 독일군 막켄
젠 장군은 12만 병력으로 연합군에게 맹공을 퍼부었다. 치열한 격전
으로 미국 레인저대대 800여명이 단 하루 밤 사이에 8명의 생존자 외
전원 전사하기도 했다. 결국 상륙군은 1944년 5월 23일, 미 제5군이
이탈리아 남쪽 몬테카지노산을 뚫고 북으로 진격할 때까지 무려 4개
월 동안 적의 포위망 속에서 버티어야 했다.

네로 황제의 별장 터와 영국군 전사자 묘역

안지오 해변에 건립된 네로황제 동상

　이 도시에서는 작은 전쟁박물관과 상륙작전기념비 외의 전쟁유적은 찾아보기 힘들었다. 해변 식당에서 만난 스페인 청년 보탄 칼리(Botan Calli)는 의외로 네로 황제의 별장터 답사를 권유한다. 이 시골 촌락에 로마황제의 별장이 있었다니⋯. 항구의 남쪽 해안은 백사장 대신 가파른 절벽이 길게 뻗어 있었다. 지중해의 옥빛 바다와 탁 트인 전망이 휴양지로는 적격이었다. 로마에서도 가깝고 주변 경관도 수려하여 네로는 이곳에 별장을 만든 모양이다. 그러나 2,000여 년의 세상풍파에 건물은 사라졌고 해안과 절벽주변에는 집터와 외벽만이 곳곳에 남아 있다. 단지 먼 바다를 바라보며 손을 치켜든 네로 황제의 동상만이 화려했던 옛 시절을 회상하고 있는 듯 했다.

　로마행 기차를 기다리다 역 앞 노천 카페에서 담소를 즐기는 노인들을 만났다. 안지오 전쟁유적에 관심을 표하니 그 분들은 멀지 않은

안지오 근교의 영국군 전몰장병 묘역 전경

곳에 영국군 전몰장병묘역이 있다고 알려준다. 게다가 승용차로 그 방향으로 가려는 청년들까지 소개해 주었다. 기차는 그 근처 역에서 타면 된다는 말에 반가운 마음으로 동승했다. 전몰자 묘역에는 초록 양탄자 같은 잔디위에 십자가형 묘비들이 줄지어 있고, 대형석판에는 상륙작전 상황도와 추모의 글이 적혀 있다. 관리직원이 없으면서도 이렇게 깨끗하게 묘역을 유지하는 것이 신기하게 느껴졌다. 75년 전 국가의 명령으로 먼 이국땅까지 와서 기꺼이 목숨 바쳐 싸웠던 영국군 장병들의 희생에 절로 숙연한 마음이 들었다.

전쟁 발발의 가장 큰 요인은 '독재자 오판'

전쟁학자들은 세계전쟁 발발원인으로는 '독재자의 오판'이 가장 큰 부분을 차지한다고 분석한다. 이것은 '민주주의 국가끼리는 전쟁하지 않는다.'는 정치학이론과도 일치된다. 1940년대 이탈리아는 독재자

'무솔리니'로 인해 자칫 국가가 지구상에서 사라질 위기에 처했지만 살아남았다. 이제 전쟁 상흔을 거의 찾아볼 수 없는 이 나라는 정예군 양성과 PKO활동을 위해 막대한 국가 자원을 적극 투자하고 있다. 전몰용사 묘역답사를 마치고 나오면서 내일은 1944년 로마 해방과 안지오 연합군 구출을 위해 벌어진 피의 격전지 '몬테카시노 산'을 찾아가기로 계획했다.

폴란드군의 용맹과 몬테카시노 수도원

'몬테카시노(Motecassino)'는 이탈리아어로 '카시노 산'이라는 뜻이다. 이것은 하나의 산을 지칭하는 것이 아니라 이탈리아 반도를 종단하는 거대한 '아펜니오' 산맥의 남쪽 끝자락 전체를 가리킨다. 바로 이곳에서 1944년 2월부터 약 3달 동안 제2차 세계대전 전체를 통틀어 가장 치열한 전투가 벌어졌다.

'몬테카시노' 수도원으로 가는 험난한 여정

로마 중앙역에서 이탈리아 남부행 시골 열차 분위기는 고속열차와는 다소 달랐다. 승객들도 순박해 보였고 친절하다. 앞자리 젊은 남녀의 노골적인 애정표현에도 전혀 신경 쓰지 않는다. 로마에서 출발할 때 뿌리는 비가 그쳐 날씨도 청명했다. 많은 사람들이 중간 역에서 내리고 카시노(Cassino)역이 가까워지니 기차 안은 텅 비었다.

한산한 시골역사 앞 가게에 들려 수도원행 차편을 확인하니 건너편 정류소에서 버스가 있다고 했다. 한참을 기다려도 시간표에 적힌 버스는 오지 않는다. 답답한 마음으로 행인에게 물으니 버스는 시간을 지키지 않는 경우가 허다하단다. 결국 손님이 없어 한가로이 앉아 있던 나이 지긋한 상점주인에게 산 정상까지의 승용차 운행을 부탁했다. 그 분은 차량 안에서 몇 번이고 전쟁 중 수도원의 완벽한 파괴를 강조했다. 산산 조각난 건물잔해를 들어내고 10년 복구공사 후 겨우 수도원은 옛 모습을 되찾았다고 한다. 산 정상 넓은 주차장에는 의외로 대형버스가 즐비하다. 또한 5층 높이의 하얀 대리석 대형 건축물은 산꼭대기에 버티고 있는 것만으로도 경외감을 주는 듯 했다.

처절했던 전쟁 참상이 기록된 대성당 전시관
몬테카시노 수도원 출입구에는 "한국 천주교인들을 환영합니다!"라

오늘날의 몬테카시노 수도원 전경

전투 후 파괴된 몬테카시노 수도원 일부

카시노산 중턱의 폴란드군 전몰용사 묘역

는 큼직한 한글 안내문까지 붙어있다. 시설 규모가 웅장한 수도원은 관람동선을 표시한 전단지를 미리 나누어 준다. 첫 번째 방에 들어서 자마자 좌우측에 포탄 불발탄, 녹슨 철모, 총열만 앙상하게 남은 기관총 등의 전장잔해를 전시하고 있다. 각 방에는 수도원의 역사유물과 몬테카시노 전투실상 자료들이 대부분이다.

이 수도원은 수 백 년 전부터 유명한 철학자와 사상가들의 많은 필사본과 고서적들을 보관하고 있었다. 건물은 두께 3m, 석벽 높이가 45m에 이르렀으며 200여개의 두툼한 창문은 기가 막힌 총안구 역할도 가능했다. 연합군 입장에서는 '로마로 향하는 길'에서 산꼭대기 수도원을 도저히 피해갈 수 없었다. 하지만 수도원에는 단 한 명의 독일군도 없었다. 카시노 방어선 지휘관 '폰 쟁거'장군은 독실한 천주교 신자였다. 그는 '인류공동의 문화유산인 중세보물들이 손상되어서는 안 된다.'고 철석같이 믿었다. 심지어 수도원의 무방비 상황을 연합군에게 통보까지 하였다. 그러나 연합군 지휘관들은 이런 사실을 믿지 않았다. 또한 이 곳을 신속히 돌파하여 포위된 안지오의 아군을 구출해야 한다는 절박함도 더해진 상황이었다. 결국 "중폭격기를 동원하여 수도원 전체를 흔적도 없이 소멸시켜라!"는 명령이 하달되었다. 이런 계기로 1944년 2월 15일 시작된 몬테카시노 전투는 5월 23일까지 쌍방 수만 명의 사상자를 남기게 되었다.

폴란드군의 전설적인 무용담과 그들의 비운

수도원 전시관 창밖의 산중턱 묘역에는 대형 폴란드 국기가 휘날리고 있다. 몬테카시노 전투에서 숨진 4000명의 폴란드군이 안장된 곳이란다. 이들의 슬픈 사연을 전시관자료는 이렇게 설명하고 있었다.

1939년 9월 1일, 히틀러는 전격적으로 폴란드를 침공하면서 제2차 세계대전 신호탄을 쏘아 올렸다. 폴란드는 즉각 영국·프랑스에게 지원을 요청하자 두 나라는 9월3일 대독전쟁선포를 하였다. 폴란드를 적극 지원할 것을 공언했던 두 강대국은 막상 전쟁이 나자 외교적 비난 외 실질적인 행동은 없었다. 엎친 데 덮친 격으로 9월 17일, 소련이 불가침조약을 일방적으로 파기하고 폴란드 뒤통수를 내려쳤다. 소련비밀경찰은 1940년 4월, 폴란드군 장교·지식인 22,000명을 카틴 숲에서 무자비하게 학살했다. 공중 분해된 폴란드는 영국에서 망명정부를 만들면서 '자유폴란드군'을 결성했다.

이처럼 망국의 울분을 삭이던 폴란드군이 이곳에서 독일 정예공수부대원들과 맞서게 되었다. 수도원 건물은 수차례의 공중폭격으로 수만 톤의 석재로 잘게 부서졌다. 이런 조건은 오히려 독일군에게 기가 막힌 방어거점을 제공했다. '푸른 악마'라 불리는 독일 공수부대원들은 이 잔해 속을 파고들었다. 한바탕의 격전이 끝나면 산꼭대기에서 독일군 '강하병의 노래'가 울려 퍼졌다. 반복되는 공격작전이 실패하자 강한 복수심에 불타는 폴란드군이 선봉에 나섰다. 1944년 5월 11일 23:00, 카시노선에서 연합군의 대대적인 공격과 동시에 폴란드군의 용맹성이 유감없이 발휘되었다. 참전 독일군의 증언이다. "폴란드군은 모두 이성을 상실했다. 폴란드군 부상병에게 다가가자 야수 같은 괴성을 지르며 마구 돌멩이를 집어던졌다. 그의 하반신은 이미 수류탄으로 날아가고 없었다." 5월 17일, 결국 폴란드군이 산 정상을 점령하면서 혈전은 마무리 되었다. 폴란드군 묘역기념비에는 다음과 같은 글귀가 새겨져 있다. "폴란드군의 육체는 이탈리아의 흙에 바쳤고, 우리의 마음은 조국 폴란드에 바쳤다."

그러나 전쟁이 끝나고 대부분의 폴란드군은 고향으로 돌아갈 수 없었다. 조국 폴란드가 소련 위성국가로 변해버렸기 때문이다. 피를 나누며 싸웠던 영국마저도 폴란드군을 배신했다. 바르샤바 공산정권과 수교한 영국은 자유폴란드군 존재를 부담스러워 했다. 심지어 승전기념일 퍼레이드에 런던의 폴란드군을 초대조차 하지 않았다. 결국 1947년 해산한 폴란드 군인들은 또다시 세계를 유랑해야만 하는 운명에 놓였다. 예나 지금이나 국제 외교의 현실은 이처럼 비정하다.

그리스
Greece

그리스 수난사와
국회의사당 무명 용사비

그리스는 민주주의 정치사상의 최초 발원지이며 서구 문명의 요람이다. 그러나 그리스는 한반도와 비슷한 지정학적 위치에서 독일군 침공, 공산반군과의 투쟁, 키프로스 전쟁 등으로 현대사는 피로 점철되어 있다. 또한 그리스는 6·25전쟁 당시 전투부대를 파병하여 위기에 처한 대한민국을 도운 혈맹의 나라이기도하다.

국회의사당의 무명 용사 추모벽

수도 아테네 국회의사당 언덕에는 그리스군 무명용사 추모벽이 있다. 전통의상의 의장병 2명이 24시간 자리를 지키며 수많은 관광객들의 카메라 세례를 받고 있다. 터키와의 독립전쟁 등에서 목숨 바친 전몰용사를 위한 이 벽은 1932년에 만들어졌다. "영웅들에게는 세상 어디라도 그들의 무덤이 될 수 있다!"는 역사가 투기디데스의 명언이 벽면에 새겨져 있다. 또한 65여 년 전, 대한민국이 공산주의자들로부터

그리스 국회의사당 무명 용사 추모비와 의장병

위기에 처했다는 소식을 듣고 5,000여 명의 그리스 청년들이 한반도로 달려왔다. 이때 전사한 192명의 장병을 기리는 "한국전쟁 전사자" 기념석판도 부착되어 있다.

지금도 무명 용사 추모벽, 국회의사당, 산타그마(헌법) 광장은 그리스인들의 정신적 고향이면서 최고의 관광 명소로 알려져 있다.

그리스 민초들의 수난사

국회의사당에서 멀지 않은 곳에 수천 년 동안 이 나라가 경험한 수난과 영광의 역사를 보존한 전쟁기념관이 있다. 지상 2층, 지하 1층의 전시코너에는 고대 알렉산더 대왕 업적부터 1974년 키프로스 전쟁까지 장구한 그리스의 국난 극복사가 생생하게 재현되어 있다.

그리스는 아시아·유럽·아프리카 대륙을 연결하는 전략적 요충지다. 제2차 세계대전 중인 1940년 10월 28일, 이탈리아가 그리스를 공격했다. 이에 전 국민이 일치단결하여 이탈리아군을 격파하고 12월 초에는 알바니아 중심부까지 반격했다. 하지만 뒤이은 독일군 침공으로 1942년 4월 30일, 전 국토가 적국의 군화에 짓밟혔다. 그러나 그리스 민초들은 레지스탕스 활동으로 침공군에게 끈질기게 대항했다. 결국 3여년의 투쟁으로 그리스는 독일군 압제로부터 해방되었지만 또다시 소련과 손잡은 공산주의자 준동으로 국토는 핏빛으로 물들었다.

이에 미국은 신속한 군사지원으로 그리스 공산화를 막았고 당시 반군소탕에 결정적 역할을 한 미 군사고문 단장은 밴플리트 장군이었다. 그 후 그는 미 8군사령관으로 한국전에 참전하여 또다시 한반도의 공산화까지 막았다.

2차세계대전 당시 그리스 레지스탕스 활동 모형도

그리스군의 한국전쟁 참전과정

전쟁기념관에서는 그리스군의 한국전쟁 참전과정을 이렇게 설명하고 있었다.

1950년 6·25전쟁 당시 그리스는 최초 공군부대와 보병 1개 여단을 한국에 보내기로 결정했지만 파병시점인 11월에 유엔군은 이미 압록강에 도달했다. 따라서 그리스는 파병규모를 1개 대대로 축소하면서 제13공군수송편대(C-47. 6대)를 우선적으로 창설하여 한국으로 보냈다. 1912년 12월 5일, 최초의 항공부대를 만들었던 그리스군은 전통적으로 해·공군부대가 일찍부터 현대적 장비와 무기를 보유하고 있었다. 그리스군은 연인원 4,992명이 한국전에 참전했고 738명의 사상자가 발생했다.

전시관 벽면에는 한국정부로부터 받은 부대표창장, 감사장, 훈장들이 즐비하게 걸려 있었다. 또한 그리스 국기가 달린 군복을 입고 자신들이 도왔던 한국인 후손을 보는 참전군인 마네킹의 눈길이 따스하게만 느껴졌다.

전쟁으로 파괴된
파르테논 신전

아테네 아크로폴리스는 그리스 고대유적의 하이라

군사박물관의 한국전쟁 전시관(뒷편 이승만대통령 표창장)

아크로폴리스 정상에 있는 파르테논 신전

역사박물관 앞의 불법체류자 뱅글라데시 청년

이트이다. 이 이름은 '높은 언덕 위의 도시'라는 의미이다. 고대에는 신전이 세워진 성역이었으며, 도시국가의 핵심적인 요새역할을 했다. 이 아크로폴리스 최정상에는 파르테논 신전이 있다. 가로 31m, 세로 70m, 기둥높이 10m인 이 신전은 기원전 438년에 완성되었다.

그러나 2,500여년에 만들어진 이 인류 최고의 문화유산도 전쟁으로 인하여 철저하게 파괴되었다. 일설에 의하면 오래 전 베네치아공화국과 오스만제국간의 전쟁 중에 이 신전은 화약고로 쓰였다. 결국 전투 중의 대폭발로 순식간의 이 신전의 지붕은 날아갔고 오늘날에 와서야 복원 공사가 한창이다.

역사박물관 공원의 뱅글라데시인 노점상

아테네 중심부에 고색창연한 건물의 그리스 역사박물관이 있었지만 휴관일 이었다. 주변 과일나무에는 오렌지가 주렁주렁 달려 있다. 내리던 이슬비가 그쳐 주변 벤치에 앉아 있다가 많은 우산을 정리 중인 한 청년을 만났다. 그는 뱅글라데시인으로 간단한 생필품을 파는 이동식 노점상이었다. 현지 경찰의 단속을 피해가며 노점으로 겨우 생계를 유지하고 있다고 했다. 해외에서 이리저리 쫓겨 다니며 살아가는 가난한 나라 국민들의 고달픈 삶을 보는 것 같아 영 마음이 편치 않았다.

아는 만큼 보인다!

오늘날의 그리스?

그리스는 발칸반도에 위치하며 알바니아, 마케도니아, 불가리아, 터키와 국경을 이루고 있다. 인구는 1100여 만 명이며 국민개인소득은 23,765불이다. 군사력은 현역병력 14.4만 명, 예비병력 21.7만 명을 유지하고 있다. 주요장비는 전차·장갑차 3,300대, 함정 130척, 항공기 360기를 보유하고 있다(출처: 2013 Military Balance).

100년 간 계속 된 피어린 독립투쟁

그리스는 1430년 오스만에게 점령된 이후 수백 년 동안 잊혀진 나라였다. 그러나 1821년부터 1829년까지의 독립전쟁끝에 아테네를 중심으로 신생 그리스 왕국이 탄생했다. 그 후 이 나라는 제1 · 2차 발칸전쟁, 소아시아 원정전쟁 등 100여년의 투쟁을 거치면서 단계적으로 영토를 확장해 나갔다.

그리스군 노병이 말하는 발칸 전쟁역사

아테네 중앙역에서 데살로니카행 열차표를 끊었다. 카드 대신 현금결재만 가능한 것을 보고 그리스의 어려운 경제상황이 짐작됐다. 국토 남북 종단철도 임에도 불구하고 기차는 하루 4편뿐. 그러나 승무원의 친절한 서비스, 깔끔한 차내 시설로 기분 좋은 여행이 시작되었다.

맞은편에는 애완견을 동반한 80대 그리스 노부부가, 옆 자리에는 수년 동안 그리스에 살고 있다는 캐나다 여성이 앉았다. 작은 통속에서 "낑낑!"거리는 강아지를 네 사람이 합세해서 달래다 자연스럽게 서로 친숙하게 되었다.

노부부 남편은 오래전 그리스 군에 복무했다며 빛바랜 군복사진을 꺼내
보여준다. 동료들 중에는 한국전 참전경험자도 있었단다. 발칸반도 역사
에 관심을 갖자 그는 그리스 수난사를 풀어놓기 시작했다. 다행히도 합석
한 캐나다인은 그리스어 통역이 가능했다.

"그리스는 400여 년 동안 터키지배를 받다가 1829년 겨우 발칸반도 남
부에서 독립했고 1832년 국제적으로 국가로 인정을 받았다. 그리고 아레
네 북쪽 마케도니아(현 데살로니가 부근)와 터키 접경지역은 계속되는
이민족과의 투쟁으로 그리스 민초들의 고통은 이루 말할 수 없었다. 이런
그리스 건국역사는 데살로니가 마케도니아 항쟁박물관(Museum for the
Macedonian Struggle)에 가면 직접 눈으로 볼 수 있다"는 조언까지 해 주
었다.

1912년 제1차 발칸전쟁에 투입되는 그리스군

박물관 속의 그리스인 항쟁사

데살로니가는 그리스 제2의 도시이며 과거 마케도니아 수도였다. 풍부한 볼거리와 수많은 여행객들로 시내는 활력이 넘친다. 그러나 이 지역은 그리스로 통합될 때까지 그리스 · 터키 · 세르비아 · 불가리아인들이 뒤섞여 살면서 끝없는 민족갈등을 겪은 곳이다. 이런 역사적 아픔을 마케도니아 항쟁박물관은 이렇게 증언하고 있었다.

"마케도니아는 알렉산더 대왕시절부터 그리스문화가 뿌리를 내린 곳이다. 그 후 이곳을 로마제국이 점령했고 1430년부터 1913년까지 오스만제국이 지배했다. 그리스 독립전쟁 당시 이 지역에서도 민중투쟁은 계속 되었지만 실패했다. 1800년대 말 오스만세력이 쇠퇴하자 마케도니아는 그리스 · 불가리아 · 세르비아 · 루마니아의 각축장이 되었다. 제1차 발칸전쟁(1912년)시에는 이 국가들이 연합하여 오스만군을 격퇴했다. 그러나 영토배분에 불만을 품은 불가리아가 또다시 그리스를 침공한 제2차 발칸전쟁(1913년)이 일어났다. 하지만 이 전쟁에서 승리한 그리스가 마침내 마케도니아 지역을 완전하게 차지할 수 있었다." 박물관 자료는 그리스인들의 100년 항쟁과정을 생생하게 전시하고 있었다.

박물관에서 멀지 않은 해안에는 33m 높이의 웅장한 화이트 타워(White Tower)가 서있다. 이 성탑은 15세기 베네치아인이 세운 방벽의 일부였으나 18세기 오스만시기에는 감옥으로 사용되었다. 특히 이곳에서 터키군인들에 의해 많은 그리스인들이 학살당하여 한 때 '피의 탑(Bloody Tower)'으로 불리기도 하였다.

그리스 주변국과의 영토분쟁

제1차 세계대전 시 연합군에 가담한 그리스는 승전국 반열에 올라

데살로니키 해변의 화이트 타워 전경

그리스군의 소아시아전쟁 지역 요도

섰다. 전쟁이 끝난 후 그리스 군은 1919년 터키대륙에 상륙하여 과거 고토를 회복하고자 '소아시아 원정전쟁'을 감행했다. 1922년까지의 전쟁에서 그리스 군이 패배하면서 100여만 명의 터키 거주 그리스인들이 본국으로 돌아왔고 수십만 명의 그리스 거주 무슬림이 터키로 이주했다. 하지만 에게 해 상의 터키 인접 2만여 개 섬 대부분을 그리스가 지배하게 되었다. 따라서 오늘날 그리스와 터키 간 도서영유권 문제로 수차례 전쟁 일보직전의 위기가 발생하기도 했다.

또한 1991년 냉전 해체시기 유고연방에서 분리된 "마케도니아"가 독립을 선언했다. 이 나라는 현재 그리스 국토 일부가 자신들의 영토

제1차 세계대전 승전국인 그리스군의 파리시내 행진 모습

임을 주장한다. 마케도니아 알렉산더 대왕을 가장 위대한 조상으로 섬기는 그리스인들이 발끈하는 것은 당연한 일. 마케도니아 국호와 영토권 문제로 발칸반도의 긴장은 수시로 재현되기도 한다.

 유스호스텔의 한국 청년들

데살로니가 중심부에는 저렴한 숙박비, 조식제공, 편리한 교통으로 장기 여행자들에게 인기가 좋은 유스호스텔이 있다. 이 곳 식당에서 우연히 세 사람의 한국청년들을 만났다. 몇 달 전 군복무를 마친 대학동기생들로 터키 이스탄불에서부터 약 15시간의 심야 기차여행을 거쳐 이제 막 도착했단다. "힘들지 않았느냐?"는 질문에 복학생 K군은 "이래도 양구 가칠봉 최전방 혹한 속에서 2년 동안 나라를 지킨 몸입니다."라고 씩씩하게 대답한다. 군 생활에서 단련된 고참병들 답게 강인함이 풍겨 나온다. 더구나 귀한 햅반·컵라면·깻잎을 배낭에서 선뜻 꺼내 놓는 그들의 여유에 마음이 한결 따뜻해짐을 느꼈다.

그리스인 자부심
데살로니키 군사박물관

테살로니키 군사박물관에는 그리스 현대전쟁사 관련 전시물로 꽉 채워져 있다. 즉 1940년 제2차 세계대전, 민간 레지스탕스 운동, 1974년 키프로스 전쟁, PKO 활동 등을 소개하고 있다. 현재 그리스는 경제적으로 어려운 처지에 있지만 피땀으로 나라를 지켜온 그 역사만큼은 국가적 자부심으로 확실하게 자리 잡고 있었다.

그리스 창업 청년의 이동식 식당차량

테살로니키 해변 근처에는 수목이 우거진 넓은 도심 공원이 있다. 잘 조성된 숲속 길을 지나가다 공원 끝자락에서 간이식당을 운영하는 그리스청년을 만났다. 주방으로 개조한 작은 트럭과 야외의자 3개가 식당시설의 전부다.

그는 대학을 졸업하고 오랜 기간 취업을 시도했지만 결국 뜻을 이루지 못했단다. 현재 그리스 청년 실업율은 50% 수준. 결국 아르바이트로 전전하던 그는 이곳에서 식당을 차렸다. 혼자서 주문 받으랴 음식 만들랴 무척 바쁘다. 그러나 젊음을 무기로 힘든 현실에 당당하게 맞서는 그 청년이 정말 믿음직스럽게 보였다.

군사박물관의 그리스군 승전 역사

테살로니키 주둔 육군부대 영내의 군사박물관! 박물관 입구에 덩치 좋은 관리병이 앉아 있다가 갑작스러운 방문객에 놀라 자리에서 벌떡 일어선다. 이곳 박물관은 제2차 세계대전 시의 그리스 상황을 이렇게 증언하고 있었다.

"1940년 10월 28일, 이탈리아 무솔리니는 히틀러 만류에도 불구하고 기세 좋게 알바니아를 거쳐 그리스를 공격했다. 이 당시 히틀러는 소련 침공을 준비하면서 남쪽 발칸반도를 가급적 조용한 상태로 두려 했다. 그리스에 비해 압도적 국력을 가진 이탈리아는 쉽게 발칸반도를 점령할 것으로 생각했다. 그리스 전 국민은 단결했고 여자들은 산속 야전병원으로, 농민들은 전선의 보급 물자 수송을 전담했다.

제2차 세계대전에 출정하는 그리스군

그리스군은 역습으로 국경너머 알바니아 영토의 1/4를 차지했고 이탈리아군은 와해되었다. 1941년 4월 6일 급기야 정예 독일 제12군이 또 다시 밀려왔고, 4월 27일 새벽 침공군은 수도 아테네에 입성했다. 이날 아크로폴리스 정상에서는 청백의 그리스 국기를 내리고 철십자형 독일국기를 올리라는 명령이 떨어졌다. 적군에 의해 강제로 국기를 내린 그리스군 병사가 '그 국기를 몸에 감고 30m 절벽 아래로 뛰어내렸다'는 소문이 순식간에 퍼졌다. 이 순국사(殉國死)는 그리스 전국으로 번져 나갔고 대독 저항운동의 정신적 원동력이 되었다."

그 후 독일군은 대규모 공수부대를 크레타 섬에 투입하고서야 겨우 그리스 전국토를 점령할 수 있었다.

해양 강국 그리스 해군의 찬란한 전통

발칸반도에서 아프리카로 철수한 그리스군 잔존 병력은 연합군과 함께 끝까지 싸웠다. 특히 온전한 전력을 유지한 그리스 해군의 눈부신 활약상이 인상적이었다.

"그리스의 가장 높은 올림포스 산은 해발 2,917m이다. 이런 준령들이 국토 대부분을 차지하여 육로 이동은 한없이 불편했다. 그러나 내륙 깊숙이 파고드는 해안선은 많은 천연 항구를 만들어 주어 그리스는 해상 교통로가 더 발달되었다. 이와 같은 지형적 여건으로 바다로 내몰린 그리스인들은 해상 활동에 눈부신 성공을 거두었고 선복량도 세계 최정상에 도달했다.

20세기 초부터 그리스는 최신 함정을 가진 강한 해군력을 보유했다. 특히 발칸반도 부근 바다의 해저 지형을 손바닥처럼 아는 그리스 잠수함들은 전쟁 중 독일·이탈리아 군함을 수시로 격침시켰다."

박물관 해군 전시코너에는 전쟁 당시 갑판위에서 최종 출항 점검을

출항하는 그리스군 잠수함과 승조원들

하는 잠수함승조원들과 위풍당당한 전함 사진들이 곳곳에 자랑스럽게 걸려 있었다.

테살로니키의 무스타파 케말 생가

테살로니키 중심부에 버티고 있는 터키영웅 무스타파 케말 생가! 그리스인들은 시내 안에 터키인의 성지가 있다는 것이 기분 좋지는 않은 모양이다. 케말 생가와 인접 터키영사관은 24시간 그리스 무장경찰의 철저한 보호를 받고 있다. 2층 생가에는 케말 가족사, 소년시절 사진들이 전시되어 있으며 그의 생애를 이렇게 소개하고 있었다.

"케말은 1881년 오스만제국이 지배했던 그리스에서 태어났다. 일찍이 군인의 꿈을 키워온 그는 마나스티르(Manastir) 군사고등학교를 거쳐 이스탄불 육군사관학교로 진학했다. 제1차 세계대전에서의 패전으로 조국이 해체위기에 놓인 상황에서 케말은 1923년 초대 터키공화국

데살로니키 시내의 무스타파 케말 생가(터키 경찰관이 상주함)

대통령으로 취임한다. 그는 종교와 정치 분리, 대대적인 사회개혁을
통해 터키를 새로운 국가로 부활시켰다." 생가 내부관리 여직원까지
케말에 대한 진심어린 존경심이 가득해 보였다. 그 직원은 터키 앙카
라에 있는 '아타투르크(조국의 아버지) 케말 기념관'에도 꼭 들려볼 것
을 신신당부 하였다.

아는 만큼 보인다!

크레타 섬의 독일공수부대 혈전

1941년 5월 20일, 독일 공수부대원 22,000명이 그리스 크레타(Crete)섬에 기습
적으로 강하했다. 이 섬은 영국 · 그리스군 57,000명이 방어하였으나 결국 독일군
이 6월 1일 점령하였다. 이 전투에서 너무 많은 정예 공수부대원을 잃게 된 히틀
러는 더 이상의 공수작전을 금지시켰다. 반면 연합군은 이 전투교훈을 바탕으로
노르망디 상륙작전, 마켓가든 작전에서 대규모 공수작전으로 전세를 만회하는 성
과를 거두게 되었다.

그레타전투에서 전사한 독일공수부대원 묘역

지브롤터
Gibraltar

지브롤터요새, 그 300년 역사

전 세계로 확산되는 코로나로 입국금지의 위기

영국령 지브롤터는 아프리카 세위타에서 지중해를 건너는 선박으로 1시간 거리에 위치한다. 스페인 알헤시라스와 마주보는 항구 앞바다는 양국이 절반씩 나누어 사용한다. 지브롤터 비행장 울타리 또한 양국 경계선이다. 물론 비행장은 영국령이다. 자동차 · 도보 인원이 활주로를 횡단하다가 항공기 이착륙 시 일시적으로 이동이 통제된다. 국경세관은 북새통이었다. 수많은 스페인인과 관광객이 출퇴근 · 여행으로 들락거린다. 이웃동네 산책 가듯 출입이 자유롭다.

 하지만 한국인은 예외였다. 여권을 보자마자 "잠깐 대기!"다. 대부분 사람들이 통과 후 본격적 심문이 시작되었다. "한국을 언제 떠났는가? 혹시 질병은(힐끔힐끔 안색을 살피면서...)? 감기 · 고열 · 기침은? 그동안 어느 곳을 방문했는가?" 잠정적 환자로 취급하며 꼬치꼬치 캐묻는다. 벽면에는 Corona virus 공문까지 붙어있다. 한국 감염병 사태

영국-스페인 영유권 분쟁 지브롤터

지브롤터(영국령)
인구 : 33,000여명, 면적 : 6.8㎢
1713년 위트레흐트 조약으로 영국이 지브롤터를
양도받은 후 300년 동안 스페인의 반환요구를
거부해 옴

스페인

지중해

지브롤터 해협   세우타(스페인령)

모로코

전략요충지 지중해 지브로터의 위치

는 순식간 전 세계의 경계 대상이 되었다.

 우방국 · 선진한국 이미지는 의미가 없다. 수십개국 여행객들 중 유독 한국인만 이런 취급을 받는다. 여권을 회수하면서 입국 대기를 명한다.

 관련부서 지침확인 및 자체 토의를 갖는 모양이다. 작은 도시의 코로나 예방을 위한 불가피한 조치다. 고통 받는 고국의 이웃들을 생각하니 마음이 무겁다. 한국도 작년말 중국에서 괴질이 발생할 때부터 '보다 과감한 선제적 예방조치를 취했더라면…' 하는 아쉬움이 남는다. 빠른 시간 내 대한민국이 이 역경을 극복하기를 바라는 마음 간절하다. 흡사 최종 선고를 기다리는 죄인의 심정이다.

 피고는 법정에서 판사에게 공손해야한다. "왜 나를 환자취급하느냐?"라고 항의했다가는 '괘씸죄'가 적용될 지 모른다. 입국이 거절되면 두 번 다시 지브롤터요새 방문은 불가할 것 같았다. 이윽고 판사 (세관원)의 평의 결과가 나왔다. "Innocence(무죄)!" 선고다. 여권을 받아들자마자 얼른 세관을 벗어났다. 혹시 마음이 변하여 다시 불러 세울지도 모른다. 세계 어느 곳에 가더라도 '일류 국민'으로 인정받던 한국인이 순식간 '기피대상'이 되었다.

지중해 목구멍 지브롤터의 전략적 가치

지브롤터는 1704년 영국이 스페인과의 전쟁 승리로 최초 점령했다. 1713년 위트레흐트조약으로 스페인은 지브롤터를 영국에 양도했다. 그리고 300년이 흘렀다. 그 사이 지브롤터를 두고 수많은 전투가 있었다. 그러나 동굴진지와 성곽에 의존한 영국군은 끝까지 지브롤터를 지켜냈다. 1969년 스페인 프랑코는 자존심을 걸고 지브롤터를 되찾고자 했다. 영토반환을 요구하면서 육상통로를 봉쇄했다. 졸지에 많은 이산가족이 생겼고 지브롤터와 스페인의 교류는 16년 간 단절됐다.

지브롤터 비행장과 벌집처럼 요새를 건설한 바위산 전경

영국 대응은 단호했다. 해·공중으로 고립주민들을 지원했다. 만약 스페인이 해·공로를 차단했다면 전쟁도 불사했을 것이다. 결국 1985년 16년 만에 봉쇄는 풀렸다. 스페인 역시 똑같은 역사적 과정으로 확보한 모로코의 세우타·멜리나를 끝까지 양보하지 않고 있다. 지브롤터 주민은 원주민 80%, 영국인 13%, 나머지는 스페인계다. 영국잔류·스페인귀속여부 주민투표도 있었다. 압도적으로 영국 잔류에 찬성표를 던졌다. 민초들은 등 따습고 배부르게 하는 국가에 더 충성하기 마련이다.

지금도 수많은 스페인 사람들이 지브롤터로 건너와 영국인에 비해 턱없이 낮은 임금에도 불구하고 일자리를 구하려고 기웃거린다. 지브롤터 영유권 분쟁 역시 "누가 더 주먹이 강하고 독한 의지를 가졌느냐?"가 결국 판가름했다. 한반도의 독도·이어도·서해 EEZ·KDIZ 문제도 이런 시각에서 대비해야 한다. 그래서 동맹이 중요하고 결정적 순간에 내보일 '한 칼(?)'도 있어야 한다. 지브롤터는

바위산 최초의 갱도건설을 위해 순수하게 인력으로 공사했다

수백 m에 달하는 바위산 갱도 전경

해발 425m 바위산과 4Km에 달하는 해안 부지의 작은 반도다. 평지는 비행장·항만·고층빌딩으로 꽉 차 있다. 이곳은 영국의 해·공군 전략기지로 지중해 목구멍을 언제든지 틀어막을 수 있다.

바위산을 벌집처럼 뚫어 만든 거대한 지하요새

시내에서 바위산을 올려다보면 벌집처럼 뚫린 동굴 입구들을 쉽게 볼 수 있다. 300년 동안 단계적으로 건설한 전투진지다. 능선에는 1,000여 년 전 아랍인들이 건설한 성곽도 남아있다. 물론 이 성은 스페인군대를 거쳐 영국군 손으로 넘어왔다. 바위 산길은 "갈 지"자 형태로 승합차1대가 겨우 올라갈 수 있다. 길옆 바위에는 견고한 쇠고리가 노란 표식 속에 곳곳에 남아있다.

300년 전 무거운 화포를 로프로 끌어올리기 위해 영국군이 설치했단다. 과거 공병이 무지막지한 철제 자재를 "밀어! 밀어!"를 외치며 장간조립교를 건설했던 것과 비슷하다. 70~80도 경사각 절벽위로 영국군은 무거운 화포를 끌어 올렸다. 지휘자 구령에 맞추어 "올려! 올려!"를 외치며 죽을힘을 다했다. 동굴 진지는 오로지 함마·곡괭이에 의존한 인력으로 건설했다. 견고한 암반을 깨고 뚫어 수백m 갱도를 만들었다.

요새 안에는 수많은 포상과 구형 포탄공장·무기 수리소까지 있다. 산정상에서 적을 직접 보면서 사격하는 화포에 대적할 군대는 없었다. 1779년부터 1783년까지 4년 동안 스페인·프랑스연합군은 사력을 다해 지브롤터을 공격했지만 실패했다. 제2차 세계대전 시에는 영국군 1개 공병연대가 또다시 투입되었다. TNT·착암기 심지어 함포사격까지 동원하여 바위산내부에 거대한 지하도시를 건설했다. 구체적으로 어떤 시설이 있는지는 지금도 비밀이다.

영국 핵잠수함·항공모함도 수시 지브롤터에 입출항 한다. 길다란

그림 지브롤터 바위산 내의 화포진지 전경

활주로는 웬만한 군용기 이착륙이 가능할 것 같았다. 비행장 좌우측
에는 대규모의 해·공군 병영이 있다. 일반인들에게는 최초 동굴요새
일부만을 공개한다. 1940년대에는 화포크기·폭음·탄도를 고려 주
로 산하단부에 장갑포대를 건설했다. 정상에서 내려다보면 포상들이
곳곳에 보인다. 세계를 제패했던 영국인들의 불굴의 의지와 상무정신
이 생생하게 남아있는 현장이다. 많은 영국인들이 해외영토 지브롤터
요새를 방문한다. 깎아지른 절벽속의 동굴진지를 직접 보면 선조들의
열정·희생·애국심에 누구든지 감동한다.

국익 위해 목숨을 거는 군인을 존경하는 영국인 전통

지브롤터 지중해바다는 지금도 매립공사가 한창이다. 벌써 신항만과 넓직한 반도 일주도로까지 완성했다. 스페인방향 항구에는 종합스포츠센타, 수많은 요트와 대형 크루즈선이 보인다. "로마는 하루아침에 이루어 지지 않았다!"는 격언의 실상을 보는 느낌이다. 시내에는 보수한 성곽·중세화포들이 즐비하다. 전몰용사추모탑·참전용사동상도 중앙광장에 우뚝 서있다.

제2차 세계대전시 지하요새건설에 투입된 영국군 공병

심지어 대형 식당 벽면 액자 속에 정복차림의 영국군인 사진까지 있었다. 처음에는 지브롤터 군부대가 수여한 우수식당 인증증서로 생각했다. 토박이 음식점 사장에게 군복사진 사연을 물으니 그 군인은 자신의 아들이란다. 런던 명문대학을 졸업한 그는 올해 샌드허스트 영국육사에 입교했다. 외아들이 군인의 길을 택한 것이 너무도 자랑스러워 사진을 액자에 끼워 두었단다.

영국군 장교 선발은 1년 정도의 검증기간을 갖는다. 정원을 채우지 못하더라도 결격자는 사전에 철저히 배제한다. 유사시 지휘관 한 사람의 판단이 수천·수만의 생명을 좌우한다는 것을 수많은 전쟁을 통해 뼈저리게 경험했기 때문이다. 추측컨대 사장 아들이 어렸을 적부터 해외영토 지브롤터에서 성장한 배경 또한 육사 합격에 큰 영향을 미쳤을 것으로 같았다.

바위산 정상에서 내려다 본 지브롤터 항만과 비행장

North African region

북아프리카

이집트

Egypt

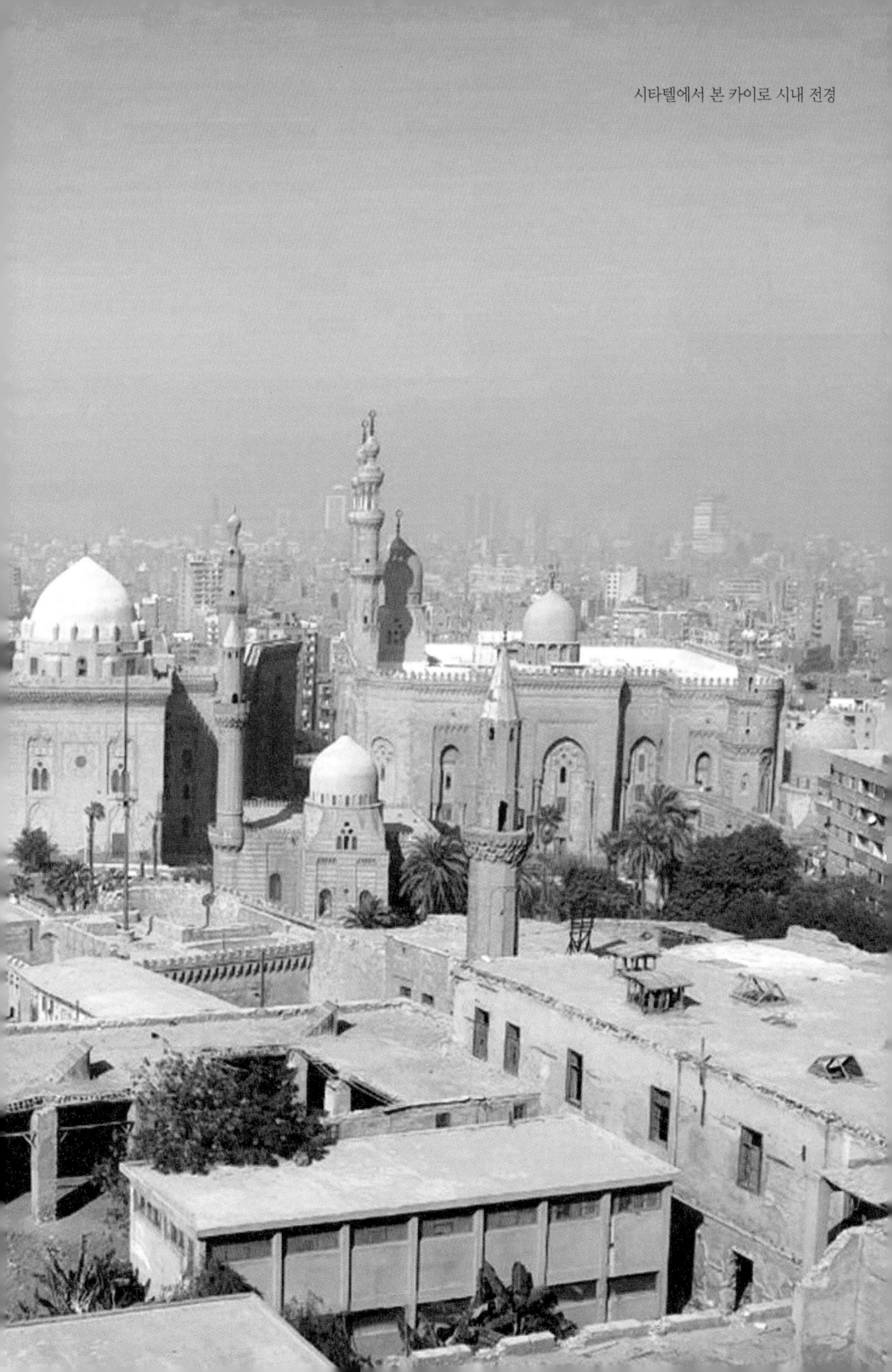

시타델에서 본 카이로 시내 전경

이집트 카이로의 시타델 군사박물관

황량한 바위산, 끝없는 사막으로 펼쳐진 불볕의 시나이 반도! 바로 이곳이 수십 년간 계속된 이집트와 이스라엘의 혈투장이다. 그리고 카이로 군사박물관은 이집트인들의 피눈물 나는 전쟁역사를 생생하게 보여주고 있었다.

시나이 횡단을 위한 다국적 군단 결성

 "인질납치, 폭탄테러, 치안불안…" 이집트 입국 전 들려오는 흉흉한 소문. 그러나 이스라엘 엘라트(Elait)시 비자 발급창구에는 의외로 여행객 몇 명 이 있었다. 세계여행 3년차인 아르헨티나인 부부, 독일·미국 대학생 2명, 그리고 한국여성 K양이다. 특히 이미 산전·수전·백병전까지 다 치룬 아르헨티나인 부부는 "Don't worry!"를 연발한다. 이 한마디에 용기를 얻어 시나이반도 횡단을 위한 6명의 다국적 군단(?)이 결성되었다.

미니버스 운전자와 요금을 흥정하는 다국적 여행자들

국경을 넘어 이집트 타바(Taba)시 세관을 나가니 당장 우리를 맞이하는 미니버스 호객꾼. 카이로까지 700km. 고속버스는 8시간 걸리는데 자신들은 훨씬 저렴한 비용으로 6시간이면 주파한단다. 군단 결성의 자신감으로 1인당 80 이집트 파운드(약 12,000원 내외)를 주고 기세 좋게 버스를 탔다. 그러나 "싼 것이 비지떡!", 나중에 그 대가를 톡톡히 치루게 된다.

포성은 멈추었지만 긴장감 도는 시나이

미니버스는 쭉 뻗은 2차선 도로를 미친 듯이 달린다. 3명의 교대운전자 모두 승객 배려는 뒷전이다. 뿜어대는 담배연기는 화생방 가스실을 연상케 한다. 40C°를 오르내리는 불볕 더위, 험준한 바위산, 물 한 방울 보이지 않는 계곡. 이런 사막에서 이스라엘과 이집트는 수에즈 전쟁, 6일 전쟁, 10월 전쟁 등 수 차례의 혈전을 치루었다. 그리고 1967년 이스라엘이 이 지역을 점령하였다가 1982년에 주인에게 돌려

주었다.

유심히 차창 밖을 보니 숨겨진 벙커, 군사기지 그리고 비행장도 가끔씩 눈에 띈다. 곳곳에 포진한 검문소 군인들이 수시로 여권을 확인한다. 포성은 멈추었지만 시나이 반도에는 아직도 긴장감이 남아 있었다.

 거의 6시간을 달린 후 운전자는 "카이로 도착!"을 선언한다. 그러나 그곳은 시내와는 한참 떨어진 카이로 변두리. 서울역까지 가야하는데 수원에 온 셈이다. 역전의 용사 아르헨티나 대표가 나섰지만 속수무책이다. 밤은 깊어가고 이 불한당들과 다투어서는 승산이 없다. 결국 몇 배의 요금을 더 주고서야 겨우 시내로 들어 갈 수 있었다. 첫 전투에서 만신창이가 된 다국적 군단은 자연스럽게 해체되면서 카이로의 첫 날 밤을 맞았다.

이집트의 자존심 시타델성 박물관

카이로 시내에서 가장 높은 언덕에 있는 씨타델(Citadel)성. 수백 전에 만들어진 견고한 성채(약 30m 높이)는 난공불락의 요새다. 성곽 높은 곳에 오르면 카이로 전체가 조망된다. 특히 성내의 이집트 국립 군사박물관은 비잔틴·아랍·십자군·이집트군의 전쟁역사를 한 눈에 볼 수 있다.

박물관 입구 벽에 1974년 대대적인 보수 공사 시 비용을 지원한 북한 당국에 감사한다는 기념판이 붙어 있다. 1970년대의 이집트·북한 관계를 상징적으로 보여주는 듯 했다. 그러나 해외 유학을 마치고 뒤늦게 입대를 한 이집트군 안내병사는 김정은 나이가 자신과 비슷하다며 "I am King!"이라는 농담을 거침없이 한다. 현재 이집트는 고교 졸업자는 2년, 대학 졸업자는 1년간 군복무를 한단다.

시타델성 외부 전경(내부에 군사박물관이 있음)

이집트 카이로 군사박물관 입구 전경

수에즈 도하작전과 이집트인의 자부심

1973년 10월 전쟁 시 수에즈운하 도하작전 성공은 이집트인들이 두고두고 후손들에게 알려주고 싶은 전쟁역사로 부각되고 있었다. 기발한 아이디어와 피눈물 나는 훈련으로 이스라엘군을 처음으로 제압한 전쟁이다. 따라서 이 전투는 전시실에서 요도, 사진, 파노라마로 상세하게 설명하고 있었다.

"1973년 10월 6일 14:00! 이집트 공군기 200여 대, 화포 2,000여 문이 이스라엘군 요새 바레브 라인(Barev Line)을 집중적으로 기습 타격했다. 포격개시 1분 만에 15,000발이 적진지에 떨어졌다. 이어서 700여 척 보트에 분승한 이집트군들이 '알라 아크바르(Allab Akbar: 신은 위대하시다)'라는 찬송 리듬에 맞추어 힘차게 노를 저어 운하를 건넜다. 수십 미터 높이의 모래방벽은 기상천외한 신무기가 극복했다. 바로 그것은 '고압호스의 물줄기'였다. 통로개척 후 대전차유도무기와

휴대용 대공미사일 운반을 위해 특별히 제작된 손수레까지 동원되었다. 이집트군은 작전개시 18시간 만에 병력 9만 명, 전차와 차량 11,850대를 성공적으로 시나이 반도로 기동시킬 수 있었다"

박물관 야외전시장에는 10월 전쟁 당시의 각종 장비와 무기들로 꽉 차 있다. 수많은 어린 학생과 시민들이 선조들의 자랑스러운 승전역사를 보면서 이집트인의 자부심을 키우고 있는 듯 하였다.

스웨즈 운하를 건너가는 이집트군 전차

사막의 혈투장 알라메인 전장유적

　북아프리카 엘 알라메인 전적지는 알렉산드리아에서 서쪽으로 약 100Km 떨어진 지중해 해변에 있다. 쪽빛 바닷물은 눈부시도록 아름다웠다. 그러나 사막 옆 군사박물관은 텅 비어 있었고 전몰용사 묘역은 잡목에 묻혀 있었다.

카이로에서 알라메인을 찾아서

　카이로의 복잡한 거리와 혼잡한 시내 분위기로 중앙역을 찾아가기도 어렵다. 행인들에게 물어도 정확하게 가르쳐 주는 사람이 없다. 결국 깨끗한 군복차림의 젊은 공군장교에게 물었다. 깍듯한 예의를 지키며 친절하게 역까지 안내한다. 그런데 그의 견장에 한국군 장성계급장과 똑같은 철제 은빛별이 2개 붙어있다. 깜짝 놀라 다시 확인하니 이집트군 중위 표식이란다. 역시 유니폼을 입은 군인이나 경찰이 이집트에서도 신뢰감이 간다.

매표 창구에서 확인하니 이미 알렉산드리아행 열차표는 매진이다. 하는 수 없어 합승택시를 탈 수 밖에 없었다. 승객 5-6명이 모이자 기사는 출발 준비를 한다. 소요시간을 물으니 두 팔을 하늘로 번쩍 치켜들며 "알라 신만이 알 수 있다!"는 황당한 답변만 들었다.

쪽빛 바다와 사막 옆의 해안도로

Trip Tips

거의 3시간을 달린 후 알렉산드리아 버스터미널에 도착. 곳곳에서 "알라메인!"을 외치며 미니버스 승객을 모으고 있다. 전적지까지는 약 100Km. 차창밖에는 쪽빛 지중해가 펼쳐졌고 해안가에는 수많은 리조트가 늘어섰지만 반대편 사막은 황량하다.

젊은 운전기사는 흡사 카레이스 하듯 과속을 한다. 시끄러운 음악은 귀가 멍멍할 정도. 한 손 운전에다 쉴 새 없는 핸드폰 통화, 그리고 가끔씩 담배까지 피운다. 천만 다행으로 해안도로는 굴곡이 거의 없다. 드디어 황갈색 탱크 1대가 도로 옆 돌계단 위에 덩그렇게 올라서 있는 알라

알라메인 전쟁기념관 입구 해변(뒷편이 지중해)

메인 군사박물관 입구에 도착했다. 주변에는 민가 몇 채만 있을 뿐….

생생한 사막의 혈투 증언

1942년 6월부터 11월까지 영연방국가 · 이집트 · 독일 · 이탈리아군 약 30여 만 명이 바로 이곳 불볕 사막에서 혈투를 벌렸다. 한산한 박물관에 들어가니 하품을 쏟아내던 관리병이 반갑게 맞아준다. 의외로 전시실에는 이집트 현대역사와 알라메인 전투에서의 이집트군 활약이 강조되고 있었다. 물론 당시의 전장 실상을 잘 보여주는 사진과 장비들도 꽉 차있다. 찾아오기 힘든 이곳은 방문객이 거의 없는 것 같았다. 당시의 처참했던 전투 상황을 전시자료는 이렇게 증언하고 있었다.

"사막에서 가장 중요한 것은 바로 물이다. 최초에는 전투원들에게 1일 3l의 물을 제공했다. 그러다가 보급의 어려움으로 1l로 줄이자 대부분의 병사들이 발작 상태에 이르렀다. 땀과 때에 찌든 군복은 모래에 비벼 엉터리 세탁을 해야 했다. 그렇지 않으면 금방 가죽처럼 빳빳해져 도저히 입을 수가 없었다.

알라메인 사막에서 전투 중인 영국군

연합군 전사자 묘역(독일 · 이탈리아군 묘역은 다른 곳에 있음)

　이 지역은 유달리 풍토병까지 많았다. 신선한 야채와 과일공급의 절
대부족으로 롬멜 장군까지 위장병과 황달에 걸렸다. 뜨겁게 달구어진
전차 안에서 주포사격 시 실내 공기는 거의 80℃까지 치솟았다. 탈진
한 전차병들이 졸도해 버리는 경우도 흔했다.

　또한 수시로 불어오는 거대한 모래폭풍은 트럭을 뒤집기도 했다. 오
죽하면 사막에 사는 베드윈 유목민은 이런 바람이 5일 동안 계속되면
신의 분노를 잠재우기 위해 아내까지 죽여도 되는 전통도 있었다.” 이

처럼 지옥 같은 환경속의 알라메인 전투에서 연합군 약 27,000여 명, 독일 · 이탈리아군 40,000여 명의 사상자가 발생했다.

패전국 군인은 죽어서도 서럽다.

박물관 부근에는 영연방국가 전사자들이 안장된 묘역이 있다. 모래 사막 위에 빼곡히 서있는 묘비 사이에는 잡목들이 군데군데 솟아 있다. 곳곳의 승전기념탑들이 묘역을 지켜보며 나그네 발길을 붙잡곤 한다. 또한 이집트정부는 해마다 참전국가 및 전몰용사 후손들과 같이 대대적인 추모행사로 그들의 희생을 기억케 하고 있다.

그러나 패전국 독일 · 이탈리아군 장병들은 죽어서도 서럽다. 그들은 이곳에서 한참 떨어진 사막 가운데 묻혀 있다. 누가 그곳까지 가서 참배할지 궁금하다. 군인은 죽어서도 이렇게 승자와 패자가 받는 대접이 다르다. 그래서 모든 국가가 수단 · 방법 가리지 않고 무조건 전쟁에서 이기려고 애를 쓰는 것이다.

알렉산드리아 복귀 간 또 다른 전투

답사를 마치고 복귀하자니 차편이 막연하다. 한참 길가에서 기다리다가 겨우 알렉산드리아로 간다는 픽업트럭에 동승했다. 거의 1시간 반을 달린 후 지도를 보니 시내 외곽도로였다. 자동차는 다른 방향으로 가야 한단다. 고마운 마음으로 택시비보다 많은 넉넉한 수고비를 건넸다. 그러나 운전수는 "Police(경찰)!"을 언급하며 터무니없는 돈을 요구한다. 이런 경우에는 배낭을 우선 챙겨들고 신속히 현장을 이탈하는 것이 최상의 방책. 도로변에 차를 세우고 시비를 걸던 그도 하는 수 없다는 듯 "부릉!"하며 시커먼 매연을 선물하고 사라진다. 어쨌든 목적지까지 온 것에 감사하며 시내를 향해 투벅 투벅 걷는 수 밖에 없었다.

알렉산드리아의 카이트베이 요새

이집트 제2의 도시 알렉산드리아. BC 333년 이곳을 정복한 알렉산
더 대왕이 건설하여 자신의 이름을 붙였고 과거 이 나라의 수도였다.
이집트 대문역할을 하는 수에즈운하 북단의 포트 사이드. 그러나 이
항구도시들도 전쟁의 참화를 피해 나갈 수는 없었다.

항구의 파수꾼 카이트 베이 요새

Trip Tips

지중해를 끼고 있는 알렉산드리아는 카이로에 비해 훨씬 정돈되고 아름다운 도시
이다. 그러나 정국 불안정으로 주요 도로에는 빨간 베레모의 이집트 헌병들이 지
프차와 장갑차에 분승하여 순찰을 돈다. 이런 분위기와는 무관하게 시민들은 자
유롭고 활기차다.

알렉산드리아 항 끝부분에는 시퍼런 지중해를 지켜보는 웅장한 성
곽이 버티고 있다. 이곳은 항구의 파수꾼 '카이트 베이 요새'다. 특히
그 성채 안에는 2300여 년 전에 세워진 '세계 7대 불가사의' 중의 하나

시내를 활보하는 시민들과 순찰 중인 이집트군 헌병

인 파로스(Pharos) 등대가 있다. 높이 135m, 가시거리 43Km에 달했
다는 이 건축물은 현재 그 흔적만 남아 있다. 나무 한 그루 없는 사막
언저리에서 어떻게 24시간 불꽃을 피웠으며 거대한 렌즈는 누가 만들
었을까? 1303년, 지중해를 강타한 대지진으로 이 등대는 영원히 자취
를 감추었고 현대 과학은 아직도 그 의문점을 풀지 못하고 있다.

해군박물관의 알렉산드리아 전쟁역사

요새 내부에는 이집트 해군역사와 이 항구의 전쟁사를 전해주는 해
군박물관이 있다. 특히 역사적으로 알렉산드리아를 중심으로 많은 전
쟁이 있었다. 또한 이 도시는 과거 영국해군의 모항역할을 하기도 했
다. 박물관 전시물 중에는 제2차 세계대전 시 이 항구의 전투사례를
이렇게 증언하고 있다.

"1941년 12월 18일 심야, 이탈리아 해군특전요원 6명이 잠항정 3대
에 분승하여 항구로 은밀히 침투했다. 이들은 영국군함에 고성능 폭

해안도로 근처의 이집트군 전몰장병 추모탑

탄을 장착하였으나 2명은 생포되고 4명은 육지로 탈출한다. 다음 날 아침, 폭발시간이 닥아 오자 포로는 영국해군에게 대피할 것을 통보했다. 곧 이어 대폭발과 함께 전함 "밸리언트"호와 "퀸엘리자베스"호는 순식간에 가라앉았고 유조선 "사고나"호도 폭발충격으로 침몰하였다." 이처럼 사소한 경계소홀이 대형 함정의 격침으로 연결되기도 하였다고 한다.

박물관에서 멀지 않은 해안도로 옆에는 제2차 세계대전과 중동전쟁에서 전사한 이집트 해군장병들을 위한 대형추모탑이 말없이 지중해를 지켜보고 있었다.

수에즈 북단의 숨구멍 포트 사이드 항

포트 사이드는 인구 50여 만의 작은 도시이며 수에즈 운하 최북단 항구이다. 또한 이집트 물류교통의 요지로 거리도 깨끗하며 한결 여유로운 분위기를 풍긴다. 특히 1일 100여 척의 선박이 지중해에서 수에즈 운하를 거쳐 홍해로 빠져 나간다. 이런 지정학적 중요성 때문에 수시로 전쟁에 휘말리는 뼈아픈 역사를 가진 도시이기도 하였다.

포트 사이드 군사박물관은 시나이 전쟁을 중심으로 근·현대 전쟁역사를 잘 정리해 두고 있다. 특히 1956년 11월 5일, 영국·프랑스군과 이집트시민군 사이의 처절한 전투장면 사진과 그림들이 꽉 차 있다.

"45분간의 영국군함 시내포격, 공수부대 낙하에 이어서 상륙부대 진입, 대항하는 이집트 시민군들…" 이런 전투가 시내전역에서 한동안 계속 되었다고 한다. 야외에는 1973년 10월 전쟁 당시 격추된 이스라엘 공군 팬텀기 꼬리와 노획무기들이 전시되어 있다.

시내에 마땅히 갈 곳이 없어서인지 초저녁 시간에 의외로 어린 아이들이 박물관에서 모여 놀고 있다. 갑자기 나타난 "한국인"에 대한 호기심은 가히 폭발적이다. 순식간에 몰려 온 학생들의 질문공세에 정신이 없다. 특히 '무하마드 알리(13세)'는 학교 태권도 대표선수다. 자신의 꿈은 한국에서 주최하는 세계대회에 출전하는 것이라고 한다. 이집트는 한 때 15만 명에 달하는 수련생들이 있었고 지금도 이 나라는 태권도 세계강국으로 이름나 있다.

시나이 반도를 거쳐서 요르단으로.

다시 시나이 반도를 거쳐가는 요르단 여정을 계획했다. 카이로 고속

1956년 시나이전쟁시 영국군과 시민군 간의 전투 장면

포트 사이드 군사박물관에서 만난 이집트 학생들

버스 터미널에서 터번을 쓴 청년의 의도적인 접근에 노골적인 불쾌감을 표시하였다. 혹시 인질범 *끄나풀*은 아닌지?

다소 멀지만 시나이 해안선을 따라 운행하는 안전한 코스의 버스에 올랐다. 모자를 푹 눌러쓰고 뒷자리에 앉아 가급적 외국인 신분을 감추었다. 차창 밖의 해변에는 건축이 중단된 콘도시설이 즐비하다.

 오전에 출발한 버스가 밤늦게 시나이반도 중간의 다합(Dahab) 외곽에 도착했다. 다시 택시를 타고 시내로 가야 한단다. 깜깜한 어둠에 두려운 생각이 든다. 그런데 "웬걸!" 이곳은 택시가 픽업트럭이다. 화물칸에 5-6명씩 웅크린 승객들을 보니 흡사 납치범에게 끌려가는 모습이다. 이때 나그네를 친절하게 인도하는 의인(?)이 나타났으니 그는 바로 카이로 터미널의 그 청년이다. 알고 보니 그는 시내에 있는 한 식당의 종업원이었다. 지레 의심하며 그와 대화를 기피했던 행동에 미안한 마음 금할 길 없었다.

다합시 버스터미널에 늘어선 택시(소형 픽업트럭)

이집트의 자존심 카이로 시타델

어린 아이 순수함 어느 나라나 똑같다

카이로 고지대의 시타델은 약 600여 년 전에 축조된 웅장한 왕궁이다. 성벽은 높고 두텁다. 성곽 안에는 군사 · 경찰 · 감옥 · 마차박물관이 있다. 그러나 이집트 정국 불안정, 폭탄 테러, 여행 자제 국가 선정 등의 영향으로 외국 관람객은 거의 보이지 않는다. 단체 현장학습을 나온 중학생들이 이집트인과 판이하게 다른 한국인을 발견하자 열광한다. 천진난만한 어린 아이들의 호기심 발동이다. 순식간에 '셀카 모델'이 되어 이리저리 초빙(?)을 받았다. 급기야 인솔 선생님까지 가세하여 단체사진까지 찍게 되었다.

초등학교 시절 나의 고향은 낙동강변이었다. 겨울철이면 군용 지프차에 분승한 미군들이 철새 사냥을 자주 왔다. 그날은 동네 꼬마들의 잔칫날이다. 미군들을 따라 다니며 뜻 모르는 "할~로우"를 장난처럼 외쳤다. 그러다가 사냥총에 맞은 철새가 논바닥에 떨어지면 죽을힘을 다해 미군 사냥개보다도 더 빠르게 달렸다.

운 좋게 총 맞은 철새를 가져가면 미군은 초콜릿이나 추잉 껌을 주었다. 그때 뛰고 달리면서 단련된 몸이 어쩌면 오늘 날 나 자신 건강의 바탕이 되었는지도 모르겠다. 당시 학교 급식은 미국이 원조한 옥수수 죽이나 우유 가루였다. 이런 질곡의 역사를 거쳐 대한민국은 선진국 문턱에 들어섰다.

인류문명 발상지 오늘날 빈곤 · 무질서의 나라로

인류 문명의 발생지이고 5,000여 년 전 세계 최강의 군대를 가졌던 이집트의 옛 영광은 사라졌다. 오히려 오늘날 60여 년 전 세계 최빈국 대한민국이 뭇 이집트인 선망의 대상이 되는 나라로 우뚝 섰다. 역사는 이처럼 돌고 돈다. 군사박물관 야외전시물 중 1973년 4차 중

시타텔 단체관람 온 이집트학생들과 인솔교사

خيــر أجنــاد

시타텔 군사박물관 이집트군 병사동상

동전쟁 시 수에즈운하 건너편 이스라엘군 바레브요새 모래방벽(높이 20~30m) 돌파작전에 사용한 고압소방호스가 있었다. 낡은 단정과 조잡한 이런 소방기계들이 철벽요새 방어선 돌파에 결정적 역할을 했다니….

연속 승리의 자만심 이스라엘 패배로 이어져

1948년, 1956년, 1967년 3번의 전쟁에서 이집트군을 격파한 이스라엘의 자만심도 초기전투 패전의 큰 요인이었다. 2중, 3중의 방어막만 믿고 전방추진진지를 대폭 줄였던 것이다. 흡사 한국 휴전선에서 특별한 대책도 없이 최전선 GP를 해체하고 공중정찰자산 운용을 묶어버린 것과 유사하다.

절치부심하며 오직 복수의 칼날을 갈았던 이집트군이 고심고심하여 생각한 것이 '소방호스로 모래방벽 허물기' 아이디어였다. 이유도 없이 수백 대의 독일산 고압 소방도구을 이집트가 수입하는 것을 이스라엘 첩보망이 놓친 것이다. 결국 1973년 10월 6일, 이집트군 기습공격에 이스라엘군은 개전 초 괴멸적인 피해를 당했다.

불황 타개를 위한 식당 주인의 기막힌 아이디어

Trip Tips

카이로시내 전망이 가능한 곳에 유일한 성내 레스토랑이 있었지만 식당 안은 텅 텅 비어 있다. 필자가 들어가니 저승 갔다가 다시 살아 온 낭군님을 만난 신부처럼 매니저와 종업원들의 입이 찢어진다. 한국인이라 하니 "안녕하세요. 감사합니다. 맛있어요." 그동안 갈고 닦았던 온갖 한국말이 다 나온다.

음식을 주문하자 전혀 생각지 못했던 대한민국 애국가가 한국어로 스피커를 통해 울려 퍼진다. 그것도 1절에서 4절까지 연주한다.

모래방벽 돌파용 소방도구와 단정

단정과 소방호스 뒤편으로 불도저가 보인다

외국관광객을 위해 애국가 준비한 종업원들

　해외식당에서 방문객 국가를 방송으로 연주하며 환영해 주는 식당
은 처음 봤다. 매니저 이야기가, 애국가가 울려 퍼지면 가끔 식당 밖
의 한국인들이 가슴에 손을 올렸다가 식당으로 들어와 음식을 주문한
단다. 불황 타개를 위해 고심 고심하다가 생각해 낸 매니저의 영업 아
이디어란다. 물론 미국, 영국 등 주요 국가 애국가 테이프도 가지고
있단다. "뜻이 있는 곳에 길이 있다!"는 격언의 실천을 이 식당 매니저
가 잘 보여 주는 듯 했다.

이집트현대사 최대의 영광
October Panorama

승전의 영광을 극대화한 10월전쟁 기념관

주요 행정기관이 집중되어 있는 카이로 중심 거리에는 73년 10월전쟁 승전관이 있다. 이 전쟁은 이집트인 자존심이요, 국가정체성을 다지는 이집트 현대사의 핵심이다. 무적 이스라엘군이 초전에 대패한 전무후무한 전쟁이었다. 박물관은 4개의 파노라마관과 대규모 야외 전시관으로 구성되어 있다. 개방 시간도 11:00~13:00, 17:00~1900로 제한된다. 야외 전시관 중심부에는 이집트국기를 들고 수에즈운하를 작은 단정을 타고 당당하게 건너가는 병사들의 모습이 형상화되어 있다. 또한 당시 전쟁에서 사용된 많은 소련 제장비들이 진열되어 있다.

전쟁 단계별로 입체적으로 묘사한 파노라마 기념관

제1관 파노라마실에서는 이집트-이스라엘간의 숱한 전쟁역사를 묘사했다. 특히 1968~1970년 전쟁을 주로 언급하여 한참 혼란스러웠

10월전쟁 당시 수에즈운하를 도하하는 이집트군 동상

다. 제2관에서는 1973년 시나이반도에서의 초전 승리 장면을 실감나게 묘사했다. 관람객 좌석이 360도 회전하며 당시 전투상황을 생생하게 체험케 만든다.

이집트군 기습공격에 최전방 중-소대규모의 이스라엘군 전초진지들은 대부분 제대로 대응도 못하고 초토화되었다. 벙커에서는 이스라엘군 병사들이 손들고 줄지어서 나왔다. 또한 무릎을 꿇고 이집트군 앞에서 목숨을 구걸하는 이스라엘 지휘관 모습은 상당히 의도적으로 제작된 것처럼 보였다. 무슬림 특유의 기도소리와 우렁찬 군가는 수차례의 패전으로 구겨질 대로 구겨진 이집트인들의 자존심을 일시에 반전시킨다.

제3관은 에니메이션 형태로 시나이반도 도시전투 상황을 재현했다. 이집트군 병사들의 백발백중 총격에 이스라엘군이 피를 튀기며 나뒹

소방호스로 수에즈운하 모래방벽을 허무는 이집트군 공병

제한된 시간만 개방하는 10월전쟁기념관 입구 전경.

군다. 어느 나라나 전쟁화―만화영화에서 아군이 죽거나 처참하게 묘사되는 것은 없다. 제4관은 10월전쟁 종합편을 보여주고 20여 분간 보너스로 '청룡열차 구구구'를 "까악!" 비명소리가 나올 정도로 태워준다. VR 특수안경 착용으로 높은 절벽에서 떨어지는 체험도 있다. 더구나 강물로 떨어질 때는 어디선가 물까지 뿌려준다. 만져보니 옷이 축축할 정도이다. 부모를 따라 온 아이들이 소리 지르며 좋아한다. 파노라마형 전쟁박물관 중 단연코 만족도 최상이다.

이집트 · 이스라엘은 남 · 북한과 닮은 꼴

관람 후 박물관 관리장교 모하메드 중위를 만났다. 제1관에서 1973년 제4차 중동전쟁에서 1968, 1970년이 왜 언급되는지를 물었다. 그

야외에 전시된 중동전쟁시 사용된 군사장비

의 대답은 간결했지만 충분히 당시 상황이 상상되었다. 1967년 6일전쟁 시 이스라엘군이 광대한 이집트영토 시나이반도를 점령했다. 전쟁이 끝나고서도 1968년부터 1973년까지 양국 간에는 알려지지 않은 전투를 숱하게 치렀단다. 그 사실을 듣고서야 왜 제4차 중동전쟁을 설명하면서 그 이전의 연도가 자꾸 언급되었는지 이해되었다.

1953년 7월 27일 한국전쟁 정전회담 이후 남북 간 숱한 분쟁이 있은 것과 유사했다. 1968년 1월 청와대기습사건(무장공비 31명), 11월 울진삼척사건(무장공비 120명)이 대표적 전례이다. 박물관 옆 대형호텔은 이집트군 복지시설이란다. 가난한 이집트이지만 군 사기앙양을 위해 최선을 다하고 있는 듯 했다. 모하메드 중위는 카이로대학을

10월전쟁기념관 옆의 이집트군 복지회관 전경

졸업하고 학사장교(3년 근무)로 군복무를 하고 있었다. 그의 형도 한국 인천에서 일하고 있다며 친근감을 표시한다.

학력이 낮을수록 복무기간이 긴 이집트군

이집트군은 현재 인구 1억에 정규군 47만, 예비군 48만을 보유하고 있다. 징병제하에서 중졸 이하자는 3년, 고졸자는 2년, 대졸자는 1년 복무를 한단다. 복무기간 차별성에 대해서는 자신도 이해할 수 없다고 한다. 의대·약대·특수기술대학 졸업자는 대부분 3년간 장교로 복무한다.

모하메드가 파노라마전시관은 한국 정부의 지원으로 1988년 건립되

도로를 무단횡단하는 이집트 군인들

었다며 건물 현판 앞으로 안내했다. 대리석면에 무바라크와 북한 김일
성의 우호친선을 과시하는 글이 있다. 명색이 이집트 최고 대학을 졸업
한 장교가 대한민국과 북한을 구분 못하다니…. 북한은 '조선민주주의
인민공화국'이 아니고 '김씨 왕조국가'임을 확실히 주지시켰다.

　이집트는 군사박물관, 군 복지 시설은 군에서 직접 운영한다. 박
물관, 군인호텔에서 얼추 100명 이상의 현역병들이 근무하고 있었
다. 모하메드에게 병사교육 시 한반도에서 인권이 보장되고 사람다
운 삶이 가능한 국가는 대한민국밖에 없음을 확실히 주지시키도록
당부했다.

카이로에서 도로 횡단은 목숨을 걸어야 한다

Trip Tips

이집트에서는 도시순환도로, 시내 중심로, 고속도로에서 무단횡단이 공공연하다. 도로 설계에서부터 횡단보도나 신호등체계 반영이 아예 없다.

따라서 심심찮게 로드 킬 사고가 일어난다. 우버택시 탑승을 위해 군인호텔 앞 8차선 도로를 부득이하게 건너야만했다. 쌩쌩 달리는 자동차를 피해 대로를 건너는 것 자체에 자신이 없었다. 마침 반대편 인도에서 건너온 덩치 큰 병사에게 도움을 요청했다. 그 병사는 기꺼이 살신성인의 자세로 손을 건네었다. 흡사 효녀 심청이 아버지 심봉사 손을 잡고 동냥 길을 나서는 모양새다. 무사히 길을 건넜지만 다리가 후들거리며 떨렸다.

카이로 교민 말에 의하면 외곽순환도로나 고속도로에서 인명 사고 시 형사책임은 없지만 민사책임은 따른단다. 통상 시속 130~140Km 속도로 질주하는 자동차를 피해서 무단횡단 하는 이집트인들을 쉽게 볼 수 있다. 심지어 바로 옆에 육교가 있음에도 불구하고 위험한 넓은 도로를 가로지르는 것이 일반화되어 있다. 가끔씩은 법규 위반자를 단속해야할 경찰관들까지 예사롭게 무단횡단을 하는 것을 보고는 할 말을 아연질색 하기도 했다. 통상 사망사고 시 사고자 신분에 따라 10,000~20,000달러 수준의 합의금이 오간다고 한다. 인간은 평등하지만 국가 수준에 따라 사람 가치도 달라지는 것이 냉혹한 국제사회의 현실이다.

이집트공군 전몰장병 추모제단

이집트공군 창설과정과 최초도입 항공기

군사박물관에서 본 100년의
이집트 공군역사

비록 가난하지만 선조들의 희생만은 기억한다

개인 연 국민소득이 한국 1/10 수준인 이집트! 그러나 이집트인들의 조국수호 역사에 대한 자부심은 한국의 10배 수준인 듯 하다. 한국에는 청주 공군사관학교 안에 공군박물관이 있다. 하지만 출입 절차가 번거로워 일반인들의 자유로운 출입에 많은 제한을 받는다. 이집트는 카이로 시내 중심에 공군박물관이 있다. 1932년 최초 5대의 영국제 항공기 도입으로 시작된 이집트 공군역사는 거의 90년에 가깝다.

박물관은 관람객들에게 최초 코스로 이집트판 '빨간 마후라' 군가와 함께 공군 소개 영상을 보여준다. 73년 중동전쟁 시 이집트 전투기 활약상은 청소년들의 가슴을 들끓게 만든다. 교묘하게 편집된 홍보영상은 수많은 단체관람 학생들에게 뜨거운 애국심을 심어주고 자긍심을 느끼게 만든다. 외국인인 내가 봐도 가슴이 울렁거린다. 이런 홍보물로 자연스럽게 이집트 최고의 인재들에게 국가간성의 꿈을 키우도록 유도한다.

소련제 항공기로 가득한 야외전시장

과거 이집트는 오랫동안 공산권국가와 긴밀한 외교관계를 유지했다. 특히 1973년 제4차 중동전쟁 당시에는 소련의 전폭적인 군사지원으로 전쟁을 치렀다. 물론 오늘날 이집트정부는 친미적인 성격이 강하다. 따라서 군사장비도 서서히 서방세계 무기체계로 전환 중에 있다. 최근 들어 한국정부도 이집트해군에 1200톤급 초계함을 무상으로 지원해 주기도 하였다.

야외에 둥근 원형광장에 전시된 항공기는 미그 19, 21, 23형 전투기를 포함하여 소련산 폭격기까지 주기되어 있다. 헬리콥터 역시 MI 계열 기종들이 다양하게 늘어서 있다. 현재 북한공군이 운용중인 항공기를 몽땅 모아둔 느낌이다. 만약 북한 공군장비의 장단점 분석이 필요하면 이곳에서 면밀하게 관찰하면 많은 도움이 될 듯하였다. 박물관 출입절차가 복잡해서인지 넓은 공터에 관람객은 필자 단 한 사람밖에 없다.

해외대학 유학생 출신 안내병사의 자긍심

Trip Tips

이집트 공군기지 내의 군사박물관 관람은 여러 가지 면에서 불편하다. 우선 정문에서 관람신청을 하고 안내병사가 나올 때까지 기다려야 한다. 한참 후 봉고버스가 나오면 그 차량으로 영내로 이동한다. 뒤이어 개인신상을 기록하고 여권을 제시 후 비로소 관람이 가능하다.

이집트 군사박물관 외국인 안내병사는 예외 없이 해외유학파 출신들이다. 필자와 동행한 아메드는 영국 런던에서 대학을 졸업했다. 전

야외전시장 항공기와 공군역사기록물 형상

그림 중동전쟁 당시 활용한 소련제 폭격기

공은 국제정치란다. 그는 전역 후 다시 영국으로 돌아가 대학원으로 진학할 예정이다. 더구나 고교시절 카이로에서 외국인학교를 다녀 영국인 못지않은 영어실력을 갖추고 있다.

사실 이집트공군은 수차례의 중동전쟁에서 이스라엘공군에 상대가 되지 못했다. 막상 공중전이 벌어지면 이집트전투기는 추풍낙엽으로 맥없이 추락했다. 더구나 소련이 폭격기까지 제공해 주었지만 확실한 전과를 거둔 기록도 없다. 하지만 안내병사 아메드의 이집트 공군 자랑은 하늘을 찌른다. 신세대의 편향된 역사교육은 이처럼 무섭다. 중동전쟁 실상보다 조국의 군대에 대한 자부심을 사전에 철저하게 교육받은 모양이다. 외국인 상대로 이집트공군의 강점을 널리 홍보하는 것이 자신의 임무라고 확실하게 믿고 있는 듯 했다. 특히 다른 젊은이의 2-3년 군 복무에 비해 자신은 1년으로 끝나는 병역특례제도에 대해서도 대만족이었다.

국가생존에 관심이 멀어지는 한국 신세대

이집트인들의 삶의 수준은 한국인들과는 비교의 대상조차 되지 않는다. 그러나 한국 청소년들이 조국수호의 중요성을 느끼게 만드는 학습기회는 점점 사라져 가는 것 같아 안타까움을 금할 길 없다. "전쟁 대비!"를 논하면 수구골통으로 몰리는 분위기니 어느 누구도 국방력강화의 필요성을 언급하지 않는다. 현재 명문대학 ROTC는 30명 내외의 모집정원(1970~80년대 서울대 학군단원은 수백 명에 달했고 준장급이 학군단장이었다)조차 못 채워 해체 위기이다. 인건비를 확보해 놓고도 육군부사관은 정원의 70%를 겨우 유지하고 있다.

1973년 중동전쟁 당시 출격을 앞둔 소련제 미그기 전경

이집트 공군박물관 정문

1970년대 중동전쟁 시 이집트공군이 직접 운용했던 소련제 폭격기
다. 마지막 박물관 견학코스는 중동전쟁 전사자 및 훈련 중 순직 조종
사 추모관이다.

단체관람 초등생부러 대학생들의 헌화의식은 곧 이집트 국가정체성을
재확인하는 과정처럼 보였다. 보다 양식 있는 한국인들이 '천하수안 망
전필위(天下雖安 亡戰必危)'의 교훈을 되새겨 주었으면 하는 마음이 간절
하다.

수에즈운하
어떻게 만들어졌는가?

3,500년 전에도 시도된 수에즈운하

건설 인류 역사는 도전하는 자들의 창조물이다. 빈틈없는 논리와 과학적 증거를 가진 이론도 실용화하지 않으면 '공리공론'에 불과할 뿐! 중동 지도에서 아프리카와 시나이반도를 잇는 잘록한 허리의 보일락말락한 가느다란 파란 선이 수에즈 운하다. 기원전 1,500년경 이집트는 이미 나일강과 수에즈만을 연결하는 운하를 건설한 역사가 있다. 선박 물류 이동량은 인력·동물에 의존하는 육상 운송과는 비교할 수 없을 정도로 많다. 이집트왕조의 변화를 위한 적극적인 창의성이 놀랍기만 하다.

아쉽게도 이 운하는 자연재해·전쟁 등으로 그 흔적을 감추고 말았다. 그 후 지중해~수에즈만의 연결 시도는 수차례 있었다. 하지만 적의 이집트 침공 시 역이용 당할 가능성, 기술적 한계 등으로 계속해서 연기되었다. 1800년대 나폴레옹의 이집트 점령 시에도 이 운하 건설을 계획했다.

드디어 프랑스인 '레셉스'의 끈질긴 집념으로 이집트왕조·프랑스정부 합작으로 1859년 역사적인 운하공사가 시작되었다. 10년 간의 난공사 끝에 1869년 수에즈(홍해)~포터 사이드(지중해)간 총길이 158Km의 운하가 개통되었다. 최초 운하 폭은 18m, 깊이는 불과 수 m. 처음 공사 시 2m 깊이로 굴토했으나 당시 증기선의 흘수선을 고려할 때 더 깊은 수심이 필요했을 것이다.

세계 최대의 토목공사에 수천 명의 인부들이 사고·질병·굶주림으로 죽어 나갔다. 당시 이집트 인구 400만 중 연간 75만 명이 운하공사에 동원되었다. 전 국민의 1/5에 가까운 인력이 이 공사판에 투입된 셈이다. 희생 없이 획기적인 창조물을 만드는 것은 불가했다.

전란 속에서도 계속 확장된 수에즈 운하

운하 완공 후 단계적인 확장 및 준설공사는 계속되었다. 현재 운하의 중간 지점인 이스마알리아 부근에는 새끼 운하(제2수에즈)까지 생겨 선박통항시간이 대폭 줄었다. 2015년 추가적인 보강공사가 끝난 지금 운하 폭은 300m 이상이 넘는다. 미 해군 항공모함도 거뜬히 통과 가능하다. 수에즈박물관·이스마알리아유적박물관·포트사이드군사박물관 및 나세르기념관에는 운하건설 기록문서·사진자료들이 많이 있다.

운하의 동쪽 출발점 수에즈항구는 카이로에서 고속버스로 2시간 거리. 이 도시에는 매력적인 관광명소가 딱히 없으며 항만은 엄격한 보안구역으로 관리되고 있다. 일반인 항만출입은 꿈도 못 꾸고 사진촬영을 시도하다가는 간첩으로 몰릴 분위기다. 대신 수에즈 박물관에 가면 고대 해양유물과 운하역사 전시물이 있다. 겉보기는 거창한 3층

확장된 현재의 수에즈운하 전경

건물이지만 내부는 온통 공사판이다. 이집트는 왜 이렇게 건물 내·
외부공사가 많은지 이해하기 힘들다. 도시는 말할 것도 없고 농촌지
역도 짓다만 건물들이 수두룩하다.

주택지붕마다 쌓아놓은 벽돌과 삐죽삐죽 솟아난 철근들이 안테나
처럼 남아있다. 건물 완공 전에는 세금이 부과되지 않는다는 말이 사
실인 듯 했다. 건축 중인 건물에 입주하여 살고 있는 주민들도 쉽게
볼 수 있다. 안전·미관상의 문제로 정부가 건물신축 시의 세금제도
개선을 시도했지만 국민들의 거센 반발로 취소하고 말았다고 한다.
이처럼 이미 굳어진 정책실패의 수정이 얼마나 어려운지를 보여주는
좋은 사례다.

텅 빈 수에즈박물관에서의 VIP 대접

┌─ **Trip Tips** ───
│ 텅 빈 박물관에 낯선 방문객이 나타났다는 소문에 관장이 쫓아 나왔다. 황송하게
│ 도 직접 안내를 하겠단다. 건물내부로 들어가니 곳곳에 공사용 비계가 걸쳐 있다.
│ "머리 위를 조심하라!"는 경고와 함께 비계밑 위험지역을 신속히 통과하여 전시실
│ 안으로 뛰어 들었다.
└──

유물들 중 3500년 전(BC 1500) 고대이집트인들이 사용한 낚시바늘,
선박의 노, 로프에 연결된 석재 앵커가 인상적이다. 인류문화발상지
답게 상상보다 훨씬 과학화된 선박과 어구를 사용했다.

한반도 고조선시대의 실존유물이 존재한다는 이야기를 아직 들어
본 적이 없다. 단 북한이 1993년 평양부근에서 발견했다는 5011년 전
의 단군 왕릉조차도 고대사 전공 사학자들의 검증을 거치지 않은 그
들만의 주장일 뿐이다. 수에즈운하 입구를 직접 보지 못함의 아쉬움
을 토로하자 박물관장이 대뜸 근사한 식당을 소개해 주겠단다. 그곳

수에즈운하 건설을 위한 측량과 공사장 현장

수에즈운하 준공식 전경

에서 항만을 내려다 볼 수는 있으나 사진촬영은 불가하단다.

순수하고 친절한 이집트군 복지회관 병사들

높은 타워식당을 상상하며 관장 메모를 택시기사에게 보여주며 어렵게 찾아갔다. 목적지에 도착하니 높은 타워는커녕 AK소총으로 무장한 군인이 식당입구에 버티고 있다. 잘못 찾아왔다고 운전사에게 항의하니 그는 박물관장과 통화까지 한다. 그곳은 엉뚱하게도 이집트육군복지시설이었다. 한국군 연대급 복지회관보다도 더 초라하다. 해변식당과 예식장형 홀1개 뿐. 텅 빈 식당에서는 고양이 떼만이 이방인 눈치를 슬금슬금 살핀다. 우선 회관입장료 100파운드(한화 7,000원)를 요구한다. 왜 입장권이 필요한지 아무도 모른다.

무장초병은 30발들이 탄창 2개를 고무줄로 묶어 1발 장전해 있다. 즉각 사격가능한 자세. 식당주변 골목에도 무장군인이 왔다갔다 한다. 테러문제에 이집트군이 이 정도로 예민하게 대처하는지를 미처 몰랐다. 주방근처에 주방장·서빙병사 등 5~6명이 옹기종기 모여있다. 메뉴판은 온통 아랍어로 쓰여 있어 주방장과 겨우 소통하여 작은 피자 한 판을 주문했다. 일반 항만과 연결된 운하입구로 쉴새 없이 대형화물선들이 오간다. 이곳조차도 정확한 운하입구는 아니다.

음식값을 지불하고 나오려니 주방장이 뛰어나와 기념촬영을 하자고 한다. 한가롭게 자리를 지키던 서빙병들 전부가 우르르 몰려온다. 아마 동양인 자체가 그들에게는 신기한 모양이다. 멋진 해변배경의 단체사진 촬영제안을 그들은 흔쾌히 허락한다. '봉황의 숨은 뜻을 어찌 작약이 알리오!' 연습촬영 간 운하를 오가는 대형화물선 사진 1장을 슬쩍 끼워 넣었다. 회관을 나오려니 이번에는 정문초병이 자신의 소총까지 내려

수에즈시내의 10월전쟁 기념동상

놓고 함께 셀카촬영을 요구한다. 역시 한가로운 복지병들인지라 빠지긴 확실하게 빠졌다.

도시 수에즈 곳곳에 남아있는 전쟁기념비

다소 폐쇄적인 이집트사회에서 어린 학생들과 젊은 병사들의 외국인에 대한 호기심은 어디를 가나 높았다. 시나이반도에 가까운 수에즈도 수차례의 중동전쟁에서 이스라엘군의 공격목표가 되곤했다. 시내답사 간 가끔씩 무명용사기념탑이나 승전기념벽화 등이 이곳이 격전지였음을 보여준다. 주요 국가간 무역에 결정적 영향을 미쳐왔던 전략요충지 수에즈운하는 불행하게도 근·현대 세계역사에서 숱한 전란에 휩싸였다.

인간이나 동물세계에서 상호 결정적 이익충돌 시 사이좋게 말로 해결되는 경우는 거의 없다. 특히 작금의 한반도 핵위기를 두고 탁상공론적인 대안들만 난무한다. 우리의 생존과 관련해서 허황된 환상에 매몰되지 않도록 냉철하게 현실을 직시해 볼 필요가 있다. 내일은 제4차 중동전쟁 시 수에즈운하 도하작전 간 이집트군 발진기지였던 이스마일리아에 가보기로 계획했다.

수에즈운하 박물관과 야외전시장 전경

수에즈 육군복지회관 근무 이집트군 병사들

이집트 전략요충지
이스마알리아를 찾아서

지동차를 골라 타는 혼란스러운 버스터미널

Trip Tips

이집트의 장거리 대중교통수단은 다양하지만 외국인이 이용하기에는 불편한 점이 한 두가지 따른다. 모든 고속버스 종합터미널의 안내가 아랍어로 되어 있다. 숫자조차도 만국공통어인 아라비어어 표기를 하지 않는다. 승차권도 대부분 자국어로만 쓰여져 있다. 묻고 또 물어서 확인해야 한다. 아차 하는 순간 삼천포로 빠질 수 있다. 수에즈도 예외가 아니다. 이스마알리아로 가고자 새벽 일찍 터미널로 갔지만 첫차는 이미 떠났다. 근처 미니버스 정류소에 가면 쉽게 교통편을 구할 수 있단다.

운전사의 요란한 호객소리와 개인택시 · 픽업형합승택시 · 봉고버스가 뒤섞여 정신이 없다. 개인택시는 버스대비 10배 이상 요금이 비싸다. 운행 간 운전기사 눈치를 살펴야 하며 하차 시 추가요금 부담을 고려해야한다. 언어소통이 어려워 목적지에서 본의 아니게 헤맬 가능성이 있다. 픽업합승형 택시는 6~7명 동승으로 하차지점이 애매하다. 또한 소형트럭을 닮아 약간 화물취급을 당하는 기분을 준다.

봉고버스는 목적지가 분명하고 요금이 저렴하며(대략 김천~서울 거리에 1400원 정도) 만석이 되면 즉시 출발한다. 단 인원·화물 혼합 적재에 다소 낡은 차량탑승을 감수해야 한다. 복잡하게 생각할 것 없이 봉고버스를 선택했다. 무슬림 상징인 구렛나루 수염을 멋있게 기른 나이 듬직한 운전기사가 우선 마음에 든다.

공사판같이 혼란스러운 수에즈 도시근교

수에즈 시내를 벗어나니 12차선 폭의 고속도로가 공사 중이다. 황량한 사막에 불도저로 밀어붙이면 공사가 끝날 것 같았다. 조금 달리니 8차선, 4차선으로 도로폭이 줄고 중간중간에는 2차선 도로가 나타났다. 15인승 미니버스는 좁은 좌석에 짐보따리를 움켜안은 승객들로

수에즈시의 봉고버스 터미널 전경

꽉 차 있다. 출발과 동시에 울려퍼진 이슬람 복음성가는 이들 삶의 정
서를 나타내는 듯 했다.

  쭉 뻗은 국도를 무서운 속도로 달리는 비좁은 승합차 안에서 누구 한
사람 서로 대화하지 않는다. 묵직한 승객들의 태도는 삶과 죽음의 문제
를 알라신과 구렛나루에게 맡기는 자세다.맨 뒤 구석자리에서 배낭에
꽉 끼인 다리를 뻗지못해 죽을 지경이다. 2시간 운행에 휴식도 없다. 시
속 120Km 이상 속도로 달리면 승합차 차체가 흔들거린다는 것을 처음
알았다. 혹시 사고라도 생긴다면, 방정맞은 생각이 들기도 했다. "오!
알라신이여, 이 분들을 천국으로 불러드릴 때 저만 빼놓지 말아 주소
서. 잠깐 2시간 동안만 나의 운명을 당신에게 맡기오니 모르는 척 마시
기를..."

수에즈 도시 근교의 주택가 전경

수에즈운하를 따라 곳곳에 군사기지 포진

차창 밖으로는 수시로 군부대가 나타난다. 시나이반도가 최전선이라면 수에즈운하 건너편인 이곳은 주방어지대 정도가 될 것 같았다. 부대정문에는 장갑차, 대포, 기념동상 등 국가수호 상징물들을 전시해 두고 있다. 수에즈운하 중간의 넓은 팀사호 북단에 맞닿아 있는 항구도시 이스마알리아! 이 도시에서 운하를 건너면 이스라엘로 가는 시나이반도 관통도로가 있다. 하지만 지금은 중동각지에서 모여든 IS 무장단체 준동으로 이 지역의 민간인 출입은 전면통제되고 있다.

수년전 이곳 IS가 지대공 미사일로 러시아 민간여객기를 격추한 사건이 있다. 또한 이 도시에는 운하공사 책임자 프랑스인 "레셉스"의 저택과 토목공사 간 발견된 유물전시관도 있다. 박물관 직원에게 중동전쟁유적지에 관심을 표하자 운하부근 무기전시장과 시나이반도 격전지 유적지를 적은 아랍어 메모쪽지를 건넨다. 그런데 이 메모가 나중에 의외의 큰 낭패를 불러올 줄 미처 몰랐다.

이집트에는 공사를 중단한 주택을 쉽게 볼수 있다

이스마알리아 박물관의 수에즈운하 공사 간의 발굴 유적

이스마알리아 역사박물관 전경

고대 이집트인들이 사용했던 동전 유물

이집트·이스라엘의 복수혈전
중동전쟁 격전지 이스마알리아

수에즈운하 주변도시는 준전시상태

이스마일리아 유물박물관 직원의 쪽지를 택시기사에게 보여주며 수에즈 운하로 향했다. 목표지점에 근접하니 곳곳에 무장군인들이 배치되어 있다. 어찌 분위기가 심상찮다. 나무밑 위장망 아래에 장갑차까지 숨어있다. 검문소에 도착하니 AK소총을 비껴맨 장교가 직접 운전기사를 다그친다. 대화 낌새를 보니 운하접근이 불가할 것 같았다. 시나이반도가 언급된 메모를 보여주니 더욱 의심의 눈초리로 본다. 무기전시장만 보면된다고 해도 어림없다. 어깨견장에 누런 왕별 2개를 단 중위다. 계급장 별이 너무 커서 앞으로 쏟아질 것 같다.

이집트군 위관장교 계급은 별숫자로 표시된다. 육군은 황색, 공군은 은색이며 경찰, 세관원 계급표시도 문양은 동일하다. 옥신각신하던 중에 이번에는 소형 무전기를 든 장교가 온다. 견장에 독수리마크가 1개 붙은 소령이다. 운하방문 목적을 묻고 여권을 확인한 후 IS와는 무관한 인물임을 파악한듯 했다. 전적지 답사 운운은 이미 물 건너 갔다. 소령의 '통과!' 결단으로 검문소를 벗어나 수백 m를 쌩 달리니 삼거리에 제2 검문소가 또 나타났다. 다행히도 왼편은 시나이반도행 선착장, 오른편은 출입 가능한 넓은 공원이다. 공원에는 놀이터·식당·순찰선계류장이 있다.

이집트 보물창고이며 전략요충지 수에즈운하

생각보다 수에즈운하 폭은 상당히 넓었다. 수만 톤급 대형 컨테이너선이 지나가도 좌우 공간은 넉넉한 여유가 있다. 최대한 운하에 근접해서 건너편을 보니 선착장에서 페리편으로 자동차도 건너 다닌다. 운하반대편 높은 제방에 "10월전쟁승리" 대형벽화가 그려져 있다. 이 부근이 도하작전 출발점인 모양이다. 1973년 당시 운하 폭은 훨씬 좁았을 것 같았다.

1948년부터 시작된 중동전쟁은 크게 4개의 전쟁역사로 분류한다.

1948년 1차 전쟁 이스라엘 : 아랍제국(7개 국가)

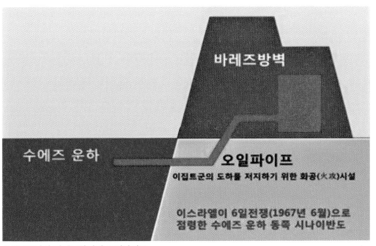

바레즈방벽

수에즈 운하

오일파이프

이집트군의 도하를 저지하기 위한 화공(火攻)시설

이스라엘이 6일전쟁(1967년 6월)으로 점령한 수에즈 운하 동쪽 시나이반도

수에즈운하와 바레브방벽의 오일파이프

바레브방벽 오일파이프 차단을 위해 침투하는 이집트군

1956년 2차 전쟁 이스라엘·영국·프랑스 : 이집트

1967년 3차 전쟁 이스라엘 : 이집트·시리아·요르단+기타 아랍국

1973년 4차 전쟁 이스라엘 : 이집트·시리아+기타 아랍국

물론 1948년 이전 이스라엘·팔레스타인·영국군이 뒤섞여 싸운 전쟁은 제외다. 1980년대~오늘 날까지 레바논 전쟁을 포함하여 이곳에는 분쟁이 그칠 날이 없었다. 심지어 구약성경 내용도 이집트·팔레스타인 지역에서의 전쟁역사가 대부분을 차지한다.1967년 6월 5일 아침! 이집트군 레이더망을 피하고자 지중해 수면 10m 내외의 고도를 유지한 이스라엘 공군기 수십대가 카이로로 향했다. 그 시간 이집트

군 최고 사령관은 공군기지 순시 중이었다. 장병들의 영접을 받는 시간 엄청난 폭음이 기지에서 연이어 들렸다. 사령관은 환영 예포소리로 착각했다. 그 순간 기지 위를 스치고 지나가는 이스라엘기 마크를 보고서야 전쟁이 일어난 줄 알았다. 이집트공군기는 출격 한 번 제대로 못한 채 수백 대가 지상에서 녹아내렸다. 뒤이어 질풍같은 이스라엘 기갑부대는 시나이반도를 단 6일 만에 석권했다. 이른바 제3차 중동전쟁인 "6일 전쟁" 결과였다. 초전기습은 전쟁승패에 결정적이다.

이스라엘 방심 국가 존망의 위기를 초래했다

아랍연맹의 맹주 이집트 위상은 처참하게 구겨졌고 국민 자존감은 땅바닥에 떨어졌다. 이집트군은 6년 동안 복수의 칼날을 갈았다. 냉철한 패인분석과 함께 장교단을 대대적으로 혁신했다. 대학졸업자의 병역면제제도를 폐지하고 최우수 정예자원으로 초급장교들을 충원했다. 멀리 나일강 싱류에서 비밀리 실전같은 수에즈 도하훈련을 반복했다. 이스라엘 역시 수에즈운하를 따라 높은 모래방벽과 화염살상지대를 완성했다. 이집트군 도하 시 운하에 유류를 대량 유출하여 불바다로 만드는 시설까지 갖추었다. 일명 '바레즈선(시나이 마지노선)'이다.

1973년 이집트의 공격징후를 이스라엘 정보부는 수상에게 수 차례 보고했다. 전쟁 직전인 9월에는 요르단국왕까지 비밀리 이스라엘을 방문하여 이집트침공을 경고했지만 이를 묵살했다. 전쟁은 결국 양국 간 의지의 싸움이다. 완벽한 방어시설을 갖춘 이스라엘보다 이집트군은 처음에는 더 독한 의지를 가졌다. 1973년 10월 6일 전쟁개시 직전 이집트군 특수부대원들이 목숨을 걸고 운하 물밑으로 침투했다. 기름 파이프 입구를 틀어막았지만 경계병은 눈치채지 못했다. 공격개시 집

수에즈운하를 통과하는 대형 컨테이너 선박

수에즈운하 건너편 옹벽의 승전기념벽화

중포격과 동시 이집트군은 고압소방호스로 모래방벽을 허물고 통로를 개설했다. 방어진지는 순시간에 무너졌고 이스라엘군 수백 명이 포로가 되었다.

핵무기사용까지 고려한 이스라엘 수상

1948년 이스라엘 건국이래 최대위기에 놓였다. 남쪽에는 이집트군이, 북쪽 골란공원에는 수천대의 시리아군 탱크가 몰려왔다. 수상 골다 메이어(여)와 국방장관 모세 다얀은 전술핵무기 사용을 심각하게 의논했다. 팬텀기에 핵폭탄 탑재를 지시하는 통신을 미국이 감청토록 일부러 노출시켰다. 깜짝 놀란 미정부는 이스라엘에 대대적인 무기지원을 시작했다. 만약 이스라엘은 전쟁패배가 확실했다면 자신들의 생존을 위해 핵무기를 사용했을 가능성도 있었을 것이다.

미국의 전폭적인 지원으로 전세는 역전되었다. 이번에는 이스라엘군이 이스마알리아 호수 하단부의 수에즈 운하를 역도하여 카이로를 향해 진격했다. 결국 국제사회의 중재로 전쟁발발 20일 만에 양측은 휴전을 했다. 무적 이스라엘군의 신화는 깨졌고 이집트 국민들은 자신감을 회복했다. 현재까지 이집트 최대의 국경일은 10월 6일 승전기념일이다. 그 이후 이스라엘은 1982년 시나이반도를 이집트에 반환했다. 이제 수에즈운하 부근에서 전쟁의 상흔을 찾아보기 힘들다.강변공원을 나오니 예외없이 신나게 병정놀이를 하던 어린애들이 'Korea!'를 열창한다. 손을 흔드니 순식간에 10여명이 달려온다. 형을 쫓아 뛰어오던 꼬맹이가 넘어져 울음을 터트린다. 이렇게도 천진난만한 아이들이 왜 어른만 되면 작은 이익 앞에서 사악한 인간으로 변하는지 정말 이해할 수 없다. 내일은 수에즈운하 북단 도시 포트 사이드로 발길을 옮기기로 했다.

제4차 중동전쟁에서 이집트군포로가 된 이스라엘 고위장교

공원에서 총싸움놀이를 하다가 몰려온 이집트소년들

수에즈운하 최북단 도시
포트사이드의 전쟁역사

모든 운명을 알라신에게 맡기는 이집트인

이집트인들의 이슬람 신앙은 돈독하다. 이스마알리아 터미널 건물 별도공간에서 마침 단체 기도의식 중이다. 야외 공사장도 예외는 없다. 기도대장이 앞에 꿇어앉는 이 행사는 진솔하고 경건하다. 머리를 땅에 대고 기도하다가 갑자기 맨 앞줄 구도자가 뒤로 돌아보며 '이놈!' 하기도 한다. 진심으로 회개치 않는 자를 알아내는 영적능력이 있는가 보다. 혹시 멀리서 지켜보는 나를 감지하여 강제로 무릎을 꿇게 한다면…. 얼른 도망가는 것이 상책이다. 포트사이드행 고속버스는 2시간 후 출발한단다. 하는 수 없어 미니버스정류소로 가면서 나 자신 먼저 회개해야만 했다. "알라신이여! 2시간만 봐 달라고 했던 것 취소합니다. 죄송하지만 이번에도 목적지 도착시까지 보살펴 주시옵소서."

낡은 봉고버스로 카레이스를 즐기는 운전기사

봉고버스기사는 젊은 청년이다. 운전석 바로 뒤좌석에서 그의 일거
수 일투족을 살폈다. 앞창문 턱에 이슬람성경이 비치되어 있다. 이 청
년도 알라신을 믿는 모양이다. 그러나 출발과 동시 휴대폰 통화부터
시작한다. 시외로 나와 4차선도로에 들어서자 마자 죽음의 카레이스
처럼 고속질주다. 승객 안전은 뒷전이고 수시로 통화 상대를 바꿔어
가며 수다를 떤다. 지중해 지역이라 사막 대신 푸르른 수목이 우거져
있다. 운하를 따라 설치된 철판형 방벽 중간 중간에 경계초소가 있다.
중·소대규모의 주둔지도 가끔 보인다.

운전기사는 폰 중독자임이 틀림없다. 1시간 30분 운행간 쉴새없이
전화기를 만지작거린다. 승객 1명이 임시 총무로 지정되면서 차비 18
파운드(1260원)를 뒤에서부터 거출한다. 총무가 거스름돈이 없다고

하루에 5번 알라신에게 기도하는 무슬림

하니 기사는 한 손 운전을 하면서 동전을 꺼내준다. 차라리 눈감고 못 본체하는 것이 마음편하다. 20, 25파운드형태의 요금제도가 사고예방 차원에서 필요할 것 같았다. '알라신이여 이 놈 혼을 좀 내주시옵소서 단 내가 내린 다음입니다.' 이런 운전사가 하도 많다 보니 알라신도 골치가 아플 것 같았다.

제2차 중동전쟁 격전지 포트사이드의 전쟁역사

포트사이드는 이집트에서 알렉산드리아 다음으로 큰 항구다. 수많은 다국적 화물선이 오가는 이곳은 이집트 돈줄이다. 이스라엘에 가깝고 전략적 중요성으로 이 도시는 2~4차 중동전쟁 간 반복해서 끔찍한 전장터가 되었다. 1956년 나세르대통령은 전격 수에즈운하 국유화를 선포했다. 운하관련 이해당사국인 영국·프랑스가 반발하면서 제2차 중동전쟁(시나이전쟁)이 터졌다. 이스라엘군의 시나이반도 침공과 동시에 영·프랑스낙하산부대가 포트 사이드에 떨어졌다 치열한 시가전으로 이 도시는 초토화되었다. 이 전쟁역사의 생생한 자료는 군사박물관과 나세르기념관에 잘 정리되어 있다.

침공군에 대한 시민들의 저항은 필사적이었다. 박물관전시물은 영웅적 국민행동에 맞추어져 있다. 공수낙하병에 시민군들이 소총과 농장구로 대항하는 전쟁화가 인상적이다. 인근 초등학교에도 시민군 전투상황이 대형 벽화로 그려져 있다. 전시자료에는 4차 중동전쟁 승전기록도 많았다. 하지만 3차 전쟁 패전 사료는 슬쩍 감추었다. 단, 1967년 10월 21일 포트 사이드 근해에서의 이스라엘 군함 격침 사례는 크게 부각시켰다.

이집트해군 유도탄함 2척이 소련제 스틱스미사일 2발로 이스라엘 에일라트호를 기습공격한 사건이다. 졸지에 미사일에 맞은 이 군함

포트사이드 군사박물관의 시나이전쟁 민관군 협동작전 기념동상

이집트 유도탄고속정의 이스라엘 구축함(에일라트호)격침 전쟁화

승조원 200여 명이 전사·부상을 당했다. 천안함 폭침사건 판박이다. 이를 계기로 이스라엘은 함대함 미사일 분석과 대응전략을 국가적 차원에서 연구했다. 1973년 10월, 4차 중동전쟁이 발발하자 이·시리아 해군은 이스라엘 함정에 55발의 스틱스미사일을 퍼부었지만 단 한 발도 명중시키지 못했다. 이스라엘해군은 ECM·채프로 대응했고 꺼꾸로 적 고속정을 모조리 수장시켰다. 적 강·약점에 대한 철저한 연구가 가져온 당연한 결과였다.

해변 백사장 축구광들의 살벌한 집단 충돌

포트 사이드 백사장은 딱딱한 모래바닥이다. 해변에서 동네 청년들의 축구시합이 한창이다. 꼴망없는 골대, 찌그러진 의자로 표시된 골라인으로 판정 시비가 많았다. 공이 발에 붙어 다닐 정도로 선수기량은 출중했다. 공격수의 단독 드리블을 수비수가 슬쩍 몸으로 밀었다. 경기 간 흔한 몸싸움이다. 자빠진 선수가 거칠게 항의하자 감독까지 뛰어들어 집단 충돌 일보 직전이다. 월드컵전도 아닌 친선 경기지만 승부욕이 대단하다. 경기가 중단되고 선수들이 감독석으로 몰려들었다. 대부분 헝겊으로 발을 싸맨 맨발의 선수들이다.

운동장 바닥에 조개껍질은 뒤집혀 있지만 날카로운 돌도 있다. 공격수팀 감독이 필자에게 반칙 여부를 묻는다. '알쏭달쏭, 긴가민가'한 태도로 모르는 척했다. 잘못 대답했다가 객지에서 비명횡사할 수도 있다. 2012년 축구시합간 흥분한 관중 충돌로 74명이 사망한 스타디움까지 인근에 있었다. 지독한 가난과 특별한 여가생활이 없는 청년들의 스트레스가 과잉 행동으로 나온 듯 했다. 잠시 후 언제 싸웠느냐듯이 서로 어깨동무를 하고 또다시 축구장으로 들어간다.

축구경기간 심판 판정에 불복하면서 서로 다투고 있는 선수들

축구감독진과 선수들. 대부분 맨발로 축구경기를 한다

비록 가난하지만 마음이 따뜻한 이집트 서민들

가난하지만 대부분의 이집트인들은 순박하다. 물론 모든 인간사회에서 야비하고 비열한 일부 사람들이 있다는 것을 전제로 한다. 포트사이드 시내에서 직접 목격한 장면이다. 한 시각장애인이 무단횡단을 하려고 지팡이를 몇 번이나 도로에 내밀었다가 뒤로 물러선다. 승용차에서 어느 운전사가 내려 후속 차량들을 정지시키고 장애인을 안내하려고 했다. 이때 오토바이 1대가 멈추더니 몇 마디 대화 후 아예 그 장애인을 목적지까지 태워다 준다. 이들의 이런 선행을 보면서 삶의 가치를 결코 물질 수준으로만 가늠할 수 없다는 것을 느꼈다.

도로횡단을 시도하는 시각장애인. 결국 오토바이시민이 목적지로 태워 주었다.

알렉산드리아역사와
카이타베이 요새

한국 신세대와 다를 바 없는 이집트 대학생 고민

코로나전염병은 전 세계 어느 나라나 민감한 이슈다. 특히 공공의료 체계가 취약한 이집트의 경우 감염자 발생 시 방역대책이 막연하다. 중국여행객들이 많이 찾는 중국식당을 폐쇄시킬 정도로 대책은 강경하다. 이집트의 중국인 때문에 도매금으로 애꿎게도 한국인이 가끔 전염병보균자로 오해받는다. 피해 최소화를 위해 'Korea' 로고와 태극기가 붙은 모자를 썼다.

카이로발 알렉산드리아행 열차 식당칸은 승객들로 복잡했다.

양식있는 이집트인들은 모자의 대한민국 표식을 보고 분명 중국인이 아님을 알 것이다. 커피값 계산을 하려니 바로 옆 청년이 선뜻 자신의 것과 같이 지불한다. 자신을 카이로 웨일즈대학(영국 분교) 건축과 5학년 아하메드(Ahmed)라고 소개했다. 모자를 보고 한 눈에 한국인임을 알아 봤단다.

한 · 일 역사에 관심 많은 그는 이순신장군과 도꾸가와 이에야스를 언급하며 임진왜란을 이야기한다.

치과대학 2학년인 여동생은 열렬한 한국팬이란다. 치과의료 수준은 한국이 최고라며 대학졸업 후 한국연수가 그녀 꿈이라고 한다. 옆자리에 앉은 그를 통해 피상적이나마 이집트 청년들의 고민을 알 수 있었다. 단연 제1의 문제는 "취업과 결혼"이다. 그는 대학졸업 후 캐나다 유학을 가고자 했다. 건축사 자격을 가지고 국내 취업을 해도 급여가 많지 않단다. 하지만 캐나다 · 유럽에서 1년 추가 학업과 5년 실무경험 후 현지 취업을 하면 안정된 생활이 가능하단다.

돈 없으면 결혼을 꿈꿀 수 없는 이슬람의 모순

아하메드가 이야기하는 이집트 결혼풍습이다. 그는 알렉산드리아에 사는 여자친구를 만나려 가는 길이었다. 취업하면 결혼할 생각이지만 '신랑지참금' 때문에 어려울 것 같단다. 신부의 미모 · 학력 · 직업에 따라 결혼지참금 액수는 달라진다. 결혼 전 신부 부모에게 이 돈을 주어야만 혼인이 허락된다. 신혼집 준비도 신랑몫이다. 그는 스스로 여자집안이 생각하는 지참금을 10년내 마련하기는 불가능하다고 했다. 아버지가 의사, 어머니는 대학교수인 그의 집안은 비교적 여유있는 계층이지만 결혼지참금 만큼은 부담이 된다.

결혼 당사자들끼리 의논하여 지참금을 대폭 줄이기도 어렵다. 집안의 자존심 문제로 부모들이 용인하지 않는다. 한국의 혼수문제와 비슷한 것 같지만 차원이 다르다. 여동생이 대신 지참금을 그만큼 받을 수 있지않느냐?는 질문에 동생 · 오빠문제는 별개의 사안이라고한다.

알렉산드리아항 입구의 카이트베이 요새

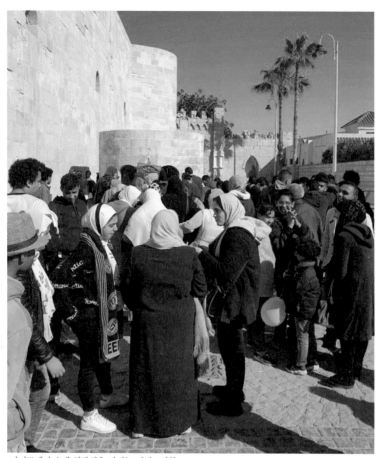

카이트베이 요새 입장권을 사려는 이집트인들

이같은 결혼풍습으로 이집트에는 유난히 노총각이 많단다. 결국 어느 정도 경제적 기반을 갖춘 나이 많은 남자가 어린 신부를 맞이하는 결혼 패턴이 일반적이다. 4명의 부인까지 허용하는 이슬람 율법에 따라 돈 많은 남자는 여러 여자를 취한다.

20%의 이집트 남자들이 2명 이상의 아내를 두고 있다. 중동 졸부들

요새2층 내부의 큰 구멍(사진하단)은 적군진입 시 기름을 부어 불을 지르기 위한 시설이다

중 외국에서 총각 행세하며 결혼하려는 사람들도 있다. 한국 여성들의 각별한 주의가 필요하다. 설령 정부인이 되어서도 남자가 두 번째 여자를 애정의 경쟁자로 데려오려 한다면 말릴 방법이 없다. 결혼에도 빈익빈 부익부 현상이 분명하다. 수백 년 전통의 이런 관습이 국가 발전의 발목을 잡는다. 그의 이야기를 듣고 보니 아버지와 딸처럼 보

카이트베이 요새 내부에서 바라본 알렉산드리아 항만 전경

이는 부부가 자녀들과 함께 다니는 모습이 자주 눈에 들어왔다.

세계 7대 불가사의 파로스 등대와 카이트베이 요새

이집트 제2의 도시 알렉산드리아! 인구 500만이지만 주변 지역 출퇴근인구 고려 시 1,000만 명이 넘는다. 해안을 따라 길게 형성된 도시는 20여 층 내외의 낡은 빌딩이 즐비하다. 알렉산드리아는 기원전 4세기경 알렉산더 대왕이 건설한 계획 도시다. 한 때 이집트 수도였고 지중해 문화의 중심지이기도 했다. 뒤이어 시어저와 클레오파트라가 국제적 도시로 발전시키려 했으나 그 뜻을 이루지 못했다. 2200여 년 전 이 항구입구에 세계 7대 불가사의의 하나인 파로스 등대가 건립되었다. 높이 135m, 등대 가시거리 50Km의 이 건축물은 수차례 지진으로 14세기 결국 바다속으로 사라졌다.

당시 어떤 건축 기술로 높은 등대를 세웠으며 나무가 없는 사막 지역에서 등대 불빛을 위한 땔감을 어떻게 구했는지 아무도 모른다. 그 후 파로스 등대 위치에 항구방호를 위한 견고한 3층 구조의 카이트베이 요새가 들어섰다. 600여 년의 세월이 흘렀지만 이 성채는 여전히 건재하다. 나폴레옹과 영국함대의 해전, 제2차 대전시 이탈리아 해군 특전대원의 영국군함 폭침, 이스라엘·이집트해군의 처절한 해상전을 이 요새는 묵묵히 지켜봤다. 1942년에는 이곳에서 서쪽으로 100Km 떨어진 엘 알라메인 사막에서 치열한 전투가 벌어졌지만 다행히 이 도시는 직접적인 전쟁 참화는 면했다.

그리고 지금 이 성채는 숱한 관람객들이 이집트 역사의 냄새를 맡게 하는 관광명소 역할을 톡톡히 하고 있다. 요새로 가는 방파제에는 한국 단체여행객들도 눈에 많이 띄었다.

매표소에는 관람객들이 장사진을 이룬다. 2줄의 행렬에서 다소 짧은
줄에 가서 순서를 기다렸다. 한참 기다린 후 표를 사려니 어떤 여자가
등을 툭툭 친다. 이곳은 여성매표소란다.

진작 말할 것이지 다분히 골탕 먹일 의도가 있었던 것 같다. 돌아보
니 전부 히잡을 쓴 여자들이다. 남성줄의 여성들은 가족들과 함께 온
사람들이란다. 다시 남성줄 맨끝에 가서 차례를 기다렸다.

Trip Tips

외국인 입장권은 옆칸에서 별도로 판단. 요금을 물으니 의외로 "육십 원!"이라
는 대답이 튀어나왔다. 매표원이 "60파운드(4200원)" 대신 한국말로 대답했던 것
이다.

그도 열렬한 한류팬이다. 성채 입구 이슬람홍보판에는 한국어 전도
지까지 있다. 성채는 견고했다. 외·내성의 성곽 석재 두께는 3~4m
로 웬만한 포격에도 끄떡
없을 것 같았다. 내성에는
성내로 진입한 적에게 기름
을 쏟아부어 불바다로 만들
수 있는 큰 주입구까지 준
비해 두었다. 승리를 위한
갖은 아이디어가 다 동원된
요새였다. 알렉산드리아 고
대유적은 주변 바다속에서
많이 발견된단다. 지진으로
과거 도시의 많은 부분이
수장 되었다.

348·

2200년 전에 건축된 파로스 등대 모습

이집트 해군의 요람 알렉산드리아 항구

해안도로 옆에는 1973년 10월전쟁 전몰자 추모탑이 있다. 비각 앞에 2명의 해군의장병이 집총자세로 서 있었다. 관리간부에게 해군박물관 위치를 물으니 시내 외곽의 해군대학·해군사관학교 안에 있단다. 혹시나 하는 마음으로 우버택시를 타고 찾아가니 정문에서 입장 불가란다. 학교 정문 안으로 정박군함들의 마스트가 보이기도 했다. 이집트해군은 병력 18,500명, 4000톤급 구축함 4척, 잠수함 수 척을 가진 아프리카 최강의 전력을 자랑한다. 2017년에는 한국해군이 잉여 초계함(1200톤급, 진주함)을 무상 양도해 주기도 하였다. 여기서 멀지 않은 곳에 이집트해양대학도 있다.

한국 진해와 비슷한 군항이지만 길고도 높은 담으로 가로막아 철저한 보안을 유지하고 있었다. 2000년 역사를 가진 알렉산드리아는 인류문명의 선구자라는 자부심을 가진 도시다. BC 330년 헬레니즘 문화가 시작될 시기에 세계 최대의 도서관이 이곳에 건립되었다. 당시 한반도에서는 도서관 개념조차 없었을 것 같다. 2002년 유네스코와 이

BC 330년 세계최대 도서관터에 새로 건립된 현대식 기념건물

집트정부 합작으로 재 개관한 독특한 양식의 도서관 건물 외벽에는 수천년 전 이집트 상형문자가 새겨져 있다. 하지만 끝없이 발전하는 현대 인류문명의 변화에 한참 뒤떨어진 오늘 날의 이집트인 삶은 고달파 보이기만 했다.

피·땀·모래 범벅의
엘 알라메인 격전지

75년 사막에 묻혀 있었던 영국군전투기

1942년 11월 1일, 지중해 연안 엘 알라메인 사막은 피빛으로 물들었다. 7월부터 연합군·추축군(독일·이탈리아)간 밀고 당기는 처절한 전투가 4달 동안 계속되었다. 이날 새벽 영국공군 조종사 '멋진남' 중위는 전선상공을 초계비행 중 이었다. 이때 갑자기 사하라사막의 시커먼 모래폭풍이 몰려 왔다. 급하게 조종간을 꺽으며 회피기동을 시도했으나 항공기는 폭풍에 휘말렸다.콕피트를 모래알이 우박처럼 때리는 순간 엔진이 멈추었다. P-40(Shark mouth) 미국산 전투기 동체·엔진은 튼튼했지만 트럭을 뒤집는 거센 모래폭풍 앞에는 추풍낙엽이었다. '멋진남'은 최후 수단으로 불시착을 결심했다. 그러나 바퀴까지 말을 듣지않아 일말의 행운을 기대하며 동체착륙을 시도하였다. "쿵!" 소리와 함께 항공기는 스키장 고난도 코스에서 미끌어지듯 모래바닥 위를 달렸다. 조종간을 꽉 잡아 수평을 유지하며 브레이크를 힘

70년 사막에 묻혀있다 복원된 영국군 전투기

껏 밟는 순간 깊은 모래 구덩이에 처박히고 말았다. 조종석에 꺼꾸로 매달린 '멋진남' 중위의 희미한 의식속에는 런던 템즈 강변에서 미래를 약속했던 약혼녀 얼굴이 스쳐갔다. 뒤이어 거대한 해일처럼 몰려온 모래 더미가 뒤집힌 항공기를 사정없이 덮어 버렸다. 25세 꽃다운 영국 청년의 인생은 이렇게 사하라사막에서 사라졌다. 그리고 75년의 세월이 흘렀다. 지난 2017년 이 사연과 관련해서 기적같은 일이 일어났다. 이집트 정유회사가 사막 탐사작업 중 우연히 모래 더미에 파묻힌 '멋진남' 전투기 동체를 발견했다. 사막 기후로 항공기는 녹슬지 않았고 원형 그대로였다.

전투기 복원으로 그 날의 아픔을 되새기다

곧바로 이집트공군 정비창의 복원 작업을 거쳐 2017년 알라메인전투 75주년 기념 행사 시 이곳 군사박물관에 전시되었다. 정확하게 '멋

군사박물관 기념동판에 한글 "평화"가 기록되어 있다

'진남'은 100세 되는 해에 환생했다. 물론 전투기 추락 과정은 아무도 몰라 필자가 상상한 시나리오다. 알렉산드리아 서쪽으로 100Km 떨어진 알라메인은 제2차 세계대전 시 '이집트의 낙동강방어선'이었다. 1940년 9월 18일, 무솔리니는 이집트침공을 명령했다. 당시 국경을 접한 리비아는 이탈리아 식민지였다. 무솔리니 군대의 진격은 초전에는 순조로왔으나 영국군을 만나자 고전을 면치 못했다. 다급한 지원 요청에 독일군이 건너왔다. 1941년 3월 24일, '사막의 여우' 롬멜의 독일군은 파죽지세로 알렉산드리아 · 수에즈운하를 향해 진격했다. 이집트를 점령하면 영국은 인도양 보급선이 차단된다. '사막의 생쥐' 영국군 몽고메리 장군은 결사적으로 독일군을 저지했다. 이집트~ 리비아~튀니지에 이르는 1000Km 이상의 북아프리카 사막에서 치열한 전투가 10개월 간 벌어졌다. 결과는 연합군 승리. 롬멜의 결정적인 패배 요인은 군수지원 부족이었다. 기갑전투의 생명수 유류와 수리부속은 이탈리아·그리스에서 지중해를 건너오면서 연합군 해·공군에 의해 거의 수장되었다. 이 지역 전투 사상자는 연합군·추축군을 모두 합쳐 무려 84만명. 물론 북사하라·지중해 전투 전부를 합친 통계일 것이다. 북아프리카전투에서 이집트는 리비아국경 초기 전쟁외 전투부대참전은 없었다. 군사박물관의 이집트군전시실은 후방지원 내용만 언급되어 있다.

군사박물관이 전해주는 전쟁의 실상

알라메인 전장터는 처참했다. 불볕 더위의 사막 전투에서 식수 공급이 중단되자 대부분 병사들이 발작상태에 이르렀다. 땀과 때에 찌든 군복은 모래에 비벼 세탁했다. 지역 풍토병까지 만연했고 신선한 야

채의 절대 부족으로 롬멜 장군까지 위장병과 황달에 걸렸다. 뜨겁게 달구어진 전차안 주포사격 시 실내 공기는 섭씨 80도까지 치솟으며 탈진한 병사들이 졸도하는 경우도 허다했다. 영국·영연방국가, 독일, 이태리, 리비아 등 각 국가별 전시관은 전투실상·참전 및 피해규모·장비·복장 등이 자세하게 정리되어 있다. 피아 혼전간 의료진은 적·아군 부상병들을 가리지 않고 치료했다. 심지어 쌍방전사자들이 같은 묘역에 안장되기도 했다. 지중해연안 알

영·독일군은 피아 구분없이 부상병을 치료해 주었다.

알렉산드리아–알라메인 지중해 해변의 휴양시설 입구 전경

라메인 군사박물관은 한산했다. 알렉산드리아~마트흐르 도속도로 중간에 내려 도보로 박물관까지 가야 한다. 근처에는 영연방·독일군·이태리군 전사자 묘역이 있다. 이 박물관은 해마다 참전국 정상들이 모여 그날의 참상을 반성하고 우호친선을 다짐하는 소중한 공간으로 활용되고 있다. 박물관 주변 벽면에는 50·60·70·75주년 기념비각과 VIP 어록들이 새겨져 있다. 의외로 벽면에 "평화!"라는 한글도 표기되어 있었다. 인류역사나 개인 인생 역시 끊임없는 반성과 참회로 조금씩 발전해 간다. 올해는 한국전쟁 70주년이다. 어느 국가나 5·10년 같이 정주년이 되는 역사적 사건은 대대적인 행사로 그 의미를 되새긴다.

한국전쟁 역사에서 지혜를 얻지 못하는 아쉬움

한국전쟁(6·25전쟁)도 70주년 행사를 통해 명확하게 전쟁 책임 문제를 매듭지어야 한다. 어설픈 내전론(Civil war)으로 남북 500만 사상자를 낸 전쟁 참화의 책임을 쌍방과실로 돌리려는 황당한 주장을 뿌리뽑는 계기가 되기를 기대한다. 오늘날 대한민국의 자유민주주의 체제수호는 누구보다도 한국전쟁 참전용사들의 희생이 가장 큰 역할을 했음에 아무도 부인하지 않는다. 이들에 대한 각별한 사회적 배려가 필요하다.

생존 참전용사 평균 연령은 90세. 휴전 후 북한에 강제 억류된 국군포로 6만 중 현재 생존자는 500명 내외(추정)다. 조국을 위해 싸우다가 적에게 포로가 된 군인을 70년이 지나도록 자국으로 송환하지 못한 국가는 지구상에서 대한민국이 유일하다. 황량했던 알레메인 사막은 최근 거대한 '뉴 알레메인' 도시건설이 한창이다. 지중해 해변에는 40~50층 높이의 빌딩까지 신축되고 인근에는 신공항까지 완성되었

'사막의 생쥐' 영국군 몽고메리장군 자료전시관

경운기를 개조한 인원·화물 겸용 이집트 시골 택시

다. 알렉산드리아~알라메인 100Km 해변에는 리조트·콘도가 줄지어 있다. 여름 2~3개월만 사용하고 나머지 기간은 텅텅 비어 있단다. 짧은 기간의 수익으로 이 엄청난 휴양시설이 유지 가능한지가 정말 궁금했다.

　박물관장은 현역 대령이고 행정장교는 중위였다. 관장은 기왕 이곳까지 왔으니 약 200Km정도 떨어진 마트르흐(Matruh)의 롬멜 장군 지휘소 벙커 답사를 권유한다. 관심을 표하자 버스정류소로 가는 택시를 불러준다. 한참 후 달려온 것은 전혀 예상치 못한 인원·화물 적재용 경운기였다.

마트르흐의 롬멜벙커와
클레오파트라 해변

승객이 채워져야 출발하는 이집트 시골

Trip Tips

보통 알라메인에서 마트르흐는 버스로 2시간 30분. 하지만 중간 다바(Dabaa)에서 미니버스로 한 번 갈아 타야 한다.

지중해 옆 직선도로를 버스는 거침없이 달린다. 주변은 예외없이 공사판이다. 1시간 이상을 달린 후 기사가 다바(Dabaa)정류소에 내려주며 환승 하란다. 올망졸망한 9~12인승 미니버스들만 허름한 창고 앞에 모여 있다. 마트르흐행 버스기사는 반갑게 승객을 맞이한다. 날은 어두워지고 갈길이 멀어 은근히 걱정이 된다. 출발 시간을 물으니 두 손을 치켜들면서 "인샬라(신의 뜻대로)!"를 외친다. 막연한 시간이지만 선택의 여지가 없다. 차안에는 3명의 승객이 웅크리고 있었다. 터미널 안에 탁자 2~3개가 놓여 있는 간이찻집이 있다. 터번을 쓰고 불룩한

배를 내밀고 있는 구렛나루 주인은 영화 속의 '네로 황제'와 흡사했다. 커피를 마시며 이야기를 트니 의외로 넉넉한 마음을 가진 사내다.

 한국인임을 밝히니 '네로'는 당장 북한핵과 김정은을 언급한다. 한산한 가게에서 스마트폰과 TV뉴스에 매달리다 보니 온갖 세상일에 관심이 많다. 김정은 부인은 가수였으며 어머니는 배우 출신이었다는 사실까지 언급한다. 정보화 시대의 세계 뉴스 전파 수준을 이국땅 시골벽지에서도 실감할 수 있었다.

1시간이 지나도 버스는 출발할 생각을 않는다. 운전기사가 "마투~와! 마투~와!" 소리소리 지르지만 더 이상 추가 손님은 없다. 마침내 참다 못한 버스 안 승객들이 우르르 내려 다른 차량으로 가려고 했다.

황량한 다바 버스터미널 전경

운전수 인샬라와 승객 인샬라 간의 다툼이다. 그제서야 기사는 담배까지 느긋하게 한 대 피우고 핸들을 잡는다.

롬멜 아들 기증 유물로 채워진 독일 군벙커 기념관

칠흑같이 어두운 밤 도로옆에서 희미한 불빛이 보였다. 운전기사는 귀신같이 알아보고 급정거한다. 포대기 형태 복장을 덮어쓴 사내들이 배낭을 지고 버스를 탄다. 스마트폰 불빛으로 승차 의사를 표시를 하는 모양이다. 적지에서 야간 피아식별 신호를 플래쉬로 하던 방식과 동일하다. 나무 한 그루 없는 사막에서 한 밤중 버스를 타고 내리는 이들의 정체가 사뭇 궁금했다. 마트르흐는 한국 강릉과 비슷한 도시다. 서쪽으로 나아가면 리비아 국경이며 해군·방공부대가 포진한 군사도시이기도 하다. 사하라사막으로 3~4시간 차량으로 더 가면 이스라엘 사해와 같은 '시와 호수'가 있다. 이 도시는 지중해 연안 관광명소로 알려져 있지만 방문객은 거의 없었다. 1942년 북아프리카전투

독일군 작전지휘소 벙커에 전시된 롬멜장군 유품

당시 롬멜 작전 지휘소는 마트르흐 시내에서 3Km 정도 떨어진 작은 섬의 자연 동굴에 있었다. 전쟁 후 이곳은 오랫동안 방치되다가 1997년 보수공사를 거쳐 '롬멜 벙커 박물관'으로 개관했다. 현재 교량으로 연결된 이 섬의 벙커는 생각보다 크지않고 단순하다. 이 자연 동굴은 2000년 전 로마제국 시기부터 수출입 물품 보관 창고로 이용되었다. 제2차 세계대전 시 독일군은 이 도시를 점령했다. 경계가 용의하고 위급 시 선박으로 신속한 퇴출이 가능한 이곳에 독일군은 작전 지휘소를 설치했다. 벙커는 깊이 5~6m, 길이 40m 내외에 불과했다. 연합군에게 탐지되어 피폭당했다면 떼죽음을 면치 못했을 것 같았다. 현대전에서는 수천Km 밖에서도 무인기로 pin-point 개념으로 적요인을 살상한다. 한국군도 이런 능력이 절실히 요구된다. 항상 그림속의 미래전만 이야기할 것이 아니라 천문학적 추가 예산을 투자해서라도 우리도 이런 비밀병기를 가져야만 할 것이다. 박물관에는 롬멜 장군 아들이 기증한 유품들이 전시되어 있다. 색 바랜 낡은 외투, 군모, 권총

마트르흐 독일군 작전지휘소 벙커 내부 전경

그리고 사과궤짝형 가방이다. 군사적 천재성과 훌륭한 인격자로 알려진 롬멜 원수의 최후는 비참했다. 그는 1944년 7월 20일에 발생한 독일 군장성들의 히틀러 암살사건(발키리작전)에 연루되었다는 의심을 받았다. 결국 10월 14일 히틀러 강요로 롬멜은 독배를 마셔야만 했다. 박물관 건너편에는 이집트해군 유도탄 고속정 2척이 정박해 있었다. 외관상으로 봐서 스틱스 함대함 미사일을 장착한 구소련 코마급 유도탄 고속정이다.

클레오파트라 해변에서 만난 이슬람 여인의 일생

Trip Tips

또한 마트르흐 시내에서 멀지않은 곳에는 '클레오파트라 해변'이 있다. 여왕이 먼 알렉산드리아에서 이곳에 와서 해수욕을 즐겼다고 한다. 사실 여부는 큰 의미가 없다. 뭇사람들의 호기심 자극으로 많은 관광객을 끌어드리는 것이 더 중요한 것 같았다.

택시운전기사는 동양인이 탑승하자 휴지로 입·코를 틀어 막는다. 중국이 아닌 한국인임을 강조해도 막무가내다. 곳곳에 배치된 경찰들이 차량통행을 막는다. 중국인이 운영하는 대형 호텔 출입을 막고 있단다. 골목골목을 통과하여 겨우 클레오파트라 해변에 도착했다. 지중해 쪽빛 바다는 눈부시도록 아름다웠지만 해변은 텅 비어 있다. 멀리 백사장 근처에 여자 얼굴 모양의 바위가 보였다. 그 뒤에서 여왕이 해수욕을 즐겼다고 하나 2000년 전 일을 검증할 방법은 없다. 이 바위에서 멀지 않은 곳에 묘령의 한 여자가 홀로 앉아 먼 바다를 쳐다보고 있었다. 가까이 가보니 히잡을 쓴 중년 여성이 코란을 열심히 읽고 있다. 적막한 이곳에 홀로 행차한 사연을 물으니 그녀는 복잡한 카이로를 떠나 가끔 이 해변에 와서 알라신에게 기도한단다. 카이로~마트르

마트르흐 항구에 정박한 이집트해군 유도탄고속정

클레오파트라 해변 입구의 대형부조상

흐는 고속버스로 6시간 거리다. 통치마형 전통 복장의 이 여인은 반 평생을 엄격한 이슬람 율법과 인습에 얽매여 살아왔을 것이다. 여성의 멋과 아름다움을 남성에게 보여주는 것을 철저하게 금지하는 것이 이슬람문화다. 코란을 읽으면서도 언뜻언뜻 먼 바다에 한동안 시선을 두는 모습이 덧없이 흘러간 지난 세월을 회상하는 듯 했다. "참을 수가 없도록 이 가슴이 아파도 여자이기 때문에 말한마디 못하고…"로 시작되는 '여자의 일생' 노래 가사가 갑자기 이 여인의 뒷모습에 겹쳐 보였다.

코란을 보면서 해변에서 수 일째 기도 중인 이슬람여인

모로코
Morocco

한반도의 닮은꼴 모로코(Morocco)역사

'이슬람의 창녀'로 불리는 자유 분망한 모로코

모로코는 아프리카 북서쪽에 있다. 가끔 '모나코(Monaco)'와 비슷한 이름으로 헷갈리기도 한다. 국토 넓이 71만 제곱Km, 인구 3600만명, 20만 명의 정규군을 보유한 왕정국가이다. 연 국민개인소득은 3300달러로 이집트와 비슷하다. 우리에게는 월드컵 축구경기 시 가끔 들어본 정도로 멀게만 느껴지는 나라다. 그러나 주요 도시 곳곳에 한국 기업 광고판과 한국차를 쉽게 볼 수 있을 정도로 점점 교역은 확장되고 있다.

99% 국민들이 수니파 무슬림이지만 개방적 종교생활로 외부 문화에 대단히 관심이 많다. 심지어 다른 무슬림 국가들은 모로코를 '이슬람의 창녀'로 부르기도 한다. 신세대 젊은 여성의 히잡 착용은 의무가 아닌 선택 사항이다. 청소년들은 한류열풍으로 한국인을 만나면 대단히 우호적이다. 광적으로 축구를 좋아하는 남자 아이들은 한국 선수 이름을 줄줄이 꿰고 있다.

유럽-아프리카를 연결하는 모로코의 지정학적 위치

　　지중해 건너편 유럽과의 수백년 교류로 북아프리카에서 가장 서구화된 나라에 속한다. 많은 사람들이 아랍어, 스페인, 프랑스어 소통이 가능하다. 3개 국어에 추가하여 포르투칼, 영어, 독일어까지 구사하는 사람들도 있다. 그만큼 유럽과 활발한 교류가 있었던 것이다. 모로코는 지정학적으로 유럽~아프리카를 연결하고 지중해 목구멍을 틀어쥔 전략요충지다. 남부지역 외 거의 사막을 볼 수 없으며 해발 1600m의 아틀라스 산맥과 넓은 평원으로 농·목축업도 활발하다.

　　지리적 위치와 풍부한 자연자원은 과거 강대국들이 군침을 흘리는 좋은 먹이감이 되었다. 한반도가 역사적으로 중국·일본·러시아의 진출 발판이 되었던 것과 너무나 유사하다. 모로코는 1830년 프랑스 식민지가 되었지만 1912년 이후 북부 일부 지역은 스페인, 국토 대부분은 프랑스 보호령으로 변했다. 1900년대 초에는 프랑스, 스페인, 독일, 러시아, 영국, 이탈리아까지 모로코 영유권을 두고 힘겨루기를 했다.

1900년대 초 모로코(욕조내 인물)의 국제적인 상황을 보여주는 그림

개방적이고 합리적 사고를 가진 모로코 국민

130여년 프랑스 지배를 받다가 1956년 3월 '모로코 왕국'으로 독립
했다. 식민기간 동안 수차례의 무장 독립투쟁이 있었지만 구체적인
관련 기록을 전시한 국립역사박물관은 없다. 단지 카사블랑카 현대사
갤러리에 1900년대초의 모로코 상황을 보여주는 '목욕하는 여인' 그
림이 있다. 욕조에 '모로코' 팻말을 든 알몸의 한 여인이 있었다. 주변
에는 비누, 때수건, 타올을 든 뭇남성(주변 강대국)들이 이 여인을 꼬
드겼다. 온갖 감언이설, 혹은 협박을 하는 듯한 분위기다. 결국 여인
은 프랑스 · 스페인의 첩으로 운명이 결정되었다. 또한 아프리카 남녀
노예들이 줄줄이 쇠사슬에 묶여 유럽으로 팔려가는 그림도 전시되어
있다. 아프리카판 '환향녀' 행렬이었다. 청 · 일 · 러시아가 한반도 이
권을 두고 어르렁 거렸던 시기와 거의 일치한다. 120년 전 사건이지
만 오늘날까지도 외교 무대에서 흔하게 일어나는 일이다. 카사블랑카

유럽으로 끌려가는 아프리카인 남녀 노예들

(Casablaca)는 모로코 최대의 항구도시로 약 500만이 거주한다. 시내 중심부에는 거대한 모스크가 있고 도시 주변에 해안포 포상 흔적은 있지만 표지석 하나없이 방치되어 있다.

　모로코 수도 라바트(Rabat) 역시 항구도시다. 시내 도로는 깨끗하게 정비되어 있으며 시민들은 활기차다. 비슷한 국민소득에도 불구하고 모로코가 이집트보다 훨씬 풍요롭고 여유 있어 보인다. 모로코인들은 폐쇄적인 이집트인보다 훨씬 개방적이고 합리적 사고를 가졌다. 특히 외형적인 경제보다 지하경제가 활성화 되어 있단다. 공식 경제지표 대비 약 40% 이상의 경제 활동이 음성적으로 이루어진다. 실제 국민 소득은 명목 소득보다 2배 이상 될 것으로 추정하고 있다. 왕정국가로 국왕이 안보 · 외교권을 행사하지만 대부분 국민들의 존경을 받는 것 같았다. 공공 건물 · 터미널 · 역사 · 호텔에는 국왕의 대형 초상화가 게시되어 있다. 젊은 층에서부터 기성세대까지 많은 사람들이 국왕을

수도 라바트 미완성 모스코 기둥군락지 정문의 창기병

자랑스럽게 생각한다고 했다. 민주적 사고와 국가발전을 위해 진심으로 노력하는 통치자로 평가하고 있었다.

수도 라바트에 남아 있는 미완성 모스코 기둥

군락라바트(Rabat)의 역사적 명소는 왕궁근처 옛 국왕 무덤과 1000여년 전의 미완성 모스코 기둥 군락이다. 동서양을 막론하고 왕의 치적을 웅대한 종교시설 건축으로 후대에 보여주려고 했던 전통은 비슷하다. 수백년 전 창기병이 군마를 타고 옛 성전을 지키고 있고 국왕 무덤 근처에도 의장병들이 서있다. 라바트 역시 성곽 흔적이 곳곳에 남아있다. 15 · 16세기의 대항해 시대 당시 포르투칼 · 스페인함대는 아프리카 서해안 곳곳에 함정정박을 위한 항구를 확보했다. 오늘날까지 모로코 해안도시 요새 대부분은 포르투칼 · 스페인이 그 주춧돌을 놓았다.

미완성 모스코에 남아있는 수많은 석조기둥

Trip Tips

모로코 중부 도시 카사블랑카와 최북단 탕헤르(Tanger)까지는 고속열차(TGV)가 운행한다. 아프리카 최초로 건설된 고속철도다. 기존 5시간 소요되던 기차 시간을 2시간으로 단축시켰다. 신속한 인원·물류이동으로 국민의식도 획기적으로 변했다. 사고방식이 합리적이고 과학문명에 관심을 갖게 된다. 모로코 대도시 택시기사들은 정확하게 미터기 요금을 받는다. 물가 또한 저렴하여 30분 운행 택시비가 3000원을 넘지 않는 수준이다.

남부 지역 엄청난 지하자원으로 주변국과 분쟁 중

모로코 역시 국경을 맞댄 인접 국가와는 수시로 분쟁이 일어난다. 남부 사막지역 영유권 관련 서사하라·모리타니아·알제리와의 충돌, 북부 스페인과 모로코지역의 '세우타'·'멜리아' 반환 문제가 갈등요인이다. 남부사막 인광석 등의 천연 자원은 모로코가 결코 양보할 수 없는 사활적 국익이 걸린 문제다. 개인이나 국가나 자신 이익이 침해당하면 죽기살기로 싸우는 것은 똑같다. 다행히도 인접국 서사하 ·375

호화스러운 모로코왕조 선왕의 무덤

라, 모리타니아, 알제리, 스페인은 국제규범을 따르는 상식적인 국가
다. 다소 선량한 이웃을 둔 덕분에 가끔 충돌은 있지만 외교를 통해
문제를 해결한다. 황당한 논리로 억지를 부리는 악랄한 외교 대상은
아니다. 그러나 불운하게도 우리는 세계에서 가장 악착스럽고 상식이
통하지 않는 북한과의 갈등을 해결해 나가야 한다. 진정성 있는 대화
가 거의 불가한 집단과 끝이 보이지 않는 대결을 각오해야 하는 운명
이다.

　　국가간의 갈등을 사람좋은 웃음과 무조건적인 양보로 해결한 사례는 거
의 없다. 더 상대를 우습게 알고 터무니 없는 억지를 부릴 뿐이다. 더구나
한반도는 주변 강대국 이권까지 얽히고 설켜 복잡하기 짝이 없다. 현재 대
한민국이 모로코보다 훨씬 더 외교적으로 어려운 처지에 빠져 있을지도
모른다. 모로코 제2의 도시 탕헤르 주변에는 포르투칼, 스페인이 수백년
전부터 알토란 같은 이 땅을 차지하기 위해 숱한 성채를 건설했다. 그 흔적
을 찾아가 수백년 전 국제사회의 약육강식 현장을 확인해 보기로 했다.

대항해 시대의 포르투칼·스페인 성채

유럽축구프로팀 입단을 꿈꾸는 수많은 모로코 청소년

모로코 탕헤르 해변의 아침! 하얀 파도가 밀려오는 백사장에서 구슬땀을 흘리고 있는 소년들. 넓은 모래밭에서 무명의 축구팀이 체력단

프로선수의 꿈을 키우기 위해 해변에서 체력단련을 하는 청소년들

련 중이다. 진흙운동장보다 2~3배 더 힘든 모래밭 뜀박질을 코치는 독하게 다그친다. 마침내 몇 명이 주저앉자 그제서야 감독은 숨고르기 운동을 허락한다. 인접 찢어진 울타리안 시멘트 운동장에서는 동네 꼬마 축구경기가 한창이다. 옆에서 지켜보다가 밖으로 튀어나가는 공을 발로 두어 번 잡아주니 탄성을 지른다. 작은 일에도 감사하는 아이들의 감정 표현이 순수하다. 복잡한 준비나 도구없이 어느 곳에서나 즐기는 운동이 축구다. 많은 모로코 소년들의 꿈은 탁월한 축구 기량으로 바다 건너 유럽 프로팀에 스카웃되는 것. 오히려 열악한 운동 여건을 극복한 소년들이 세계적 스타가 되는 경우가 많다.

전설의 축구황제 펠레가 대표적 사례다. 그는 어린 시절 브라질 빈민굴의 진흙탕 구장에서 맨발로 축구를 시작했다. 최악의 조건을 극복한 그는 16세에 국가대표팀에 발탁되었다. 탕헤르 소년축구팀은 제대로 통일된 유니폼도 없었다. 전용 구장은 상상하기 어렵다. 그러나 팔짱을 끼고 독사눈으로 선수들을 지켜보는 감독·코치의 자세 만큼

약간의 도움에도 감사함을 나타내는 천진난만한 아이들

은 진지하기 짝이 없다. 이런 모습은 모로코 시골 어느 곳에서나 쉽게 볼 수 있는 정경이다.

모로코 해변 곳곳에 널려있는 유럽 열강의 성채

이 해변을 따라 한참 걸어가면 시내와 항구를 내려다 볼 수 있는 거대한 성채가 나타난다. 15세기 대항해 시대 포르투칼이 축조한 탕헤르요새이다. 뒤이어 수백년 동안 스페인이 보강했다. 높은 언덕 위 요새에서 탕헤르 항구가 한 눈에 내려다 보인다. 이중·삼중의 격벽으로 성곽을 쌓아 올렸다. 요새벽은 가늠할 수 없을 정도로 두텁다. 성위에는 '1426년' 생산년도가 표시된 대포와 더불어 20세기 말까지의 다양한 화포들이 있다. 1800년대 말 영국산 대포까지 진열돼 있다. 15·16세기의 포탄은 쇠덩어리로 포구장전식이다. 멀리서 날아와 그 충격으로 목표물을 깨뜨린다. 바다에서의 웬만한 집중포격으로 이 성채를 파괴하는 것은 어려울 것 같았다. 결국 성벽을 타고 올라와 백병전으로 요새를 점령해야한다. 이또한 쉽지 않도록 성벽뒤 건물을 설계했다. 창문 하나하나는 총안구며 좁은 골목은 미로다. 골목으로 들어온 적이 신속히 통과하여 시내로 나가려해도 막다른 벽에 가로 막힌다. 2층 난간에서 끓는 물을 퍼붓거나 기름을 쏟아부어 화공을 가하면 대처 방안이 없다. 탕헤르 근처 '아실라'포구 성채도 동일하다. 현재는 좁은 골목의 다양한 벽화 마을로 변모시켰다. 많은 사람들이 하얀 건물과 올망졸망한 골목길에 탄성을 지를 뿐 수백년 전 역사에 큰 관심을 갖지 않는다.

Trip Tips

탕헤르 성곽 꼭대기에 거의 다다랐을 즈음 중학생 정도 아이 두 명이 '택시비'를 요구하며 끈질기게 따라온다. 빠른 걸음으로 골목길을 빠져 나가려고 했다. 마지막 코너를 도니 개인주택 대문이다.

유럽인들이 축조한 탕헤르 항만의 거대한 성채

지형을 모르는 적병들이 당하는 흔한 상황이다. 빙그레 웃으면서 손을 흔들며 지나가니 아이들이 쳐다만 본다. 다소 초라한 행색을 보고 시리아난민으로 착각했는지 모르겠다.

700년 유럽 지배에 강한 자부심을 가진 모로코인

Trip Tips

> 성곽 주택지를 빠져나오니 큰길 주변은 재래시장이다. 소리소리 지르는 거리 상인과 소매를 끄는 가게 주인은 한국 전통시장과 다를 바 없다. 아쉽게도 이 성곽 전투사례를 말해주는 박물관은 없었다.

단지 이 성채가 핵심 거점이었으며 도시 외곽으로 외성이 있었다는 안내판만 있을 뿐이다. 성내 공원에는 천주교 양식의 비문과 기념탑이 많다. 많은 프랑스인들이 거주했기 때문에 얽힌 사연도 많았으리라.

공원 벤치에서 일광욕을 즐기는 교양있는 할머니를 만났다. 프랑스어는 능숙하고 영어도 약간 가능하다. 77세 연세에 아들 일곱, 손주 열 명를 두고 있지만 성곽 마을에 거주하는 독거노인이다. 아들·손주이야기에 맞장구를 친 후, 사진을 찍어드리니 마냥 즐거워 하신다. 아쉽지만 구형 폴다폰을 가진 어르신께 사진전송이 불가했다. 일곱 아들을 위해 평생 헌신한 어머니께 최신 핸드폰 하나 마련해 드리지 않은 아들·며느리의 무관심이 괘씸했다.

많은 모로코인들은 지나간 자신들의 역사를 이렇게 이야기한다. 1200여년 전 선조 무슬림들이 700여년 동안 스페인 반도를 통치했노라고. 1500여년 전 고구려가 만주대륙을 석권하고 동아시아 강국으로 군림한 한반도 역사 이야기와 일치한다.

AD 1500년 이후 아프리카는 대항해 시대 개막과 더불어 기독교 세력권에 지배당했다. 특히 무슬림 세력을 아프리카로 쫓아낸 스페인은

탕헤르 성채에는 영국·러시아산 해안포까지 있었다

하얀 벽화마을 아실라 항구에도 예외 없이 포르투칼 요새가 있었다

숱한 모스코가 성당으로 개축되었다. 지금도 이베리아 반도 곳곳에 무슬림 · 기독교문화가 혼재되어 있다. 정복하고 또다시 정복당하는 것이 인류역사의 흐름이다.

강대국이 남긴 군사유적에 큰 관심을 두지 않았다

모로코인들은 자신들의 영토에 숱하게 남아있는 군사유적에 큰 관심이 없는 듯 했다. 포르투칼 · 스페인 · 프랑스가 만든 성곽들은 견고하고 튼튼했다. 수백년 전 어떤 토목 · 건축기술로 이런 축성공사가 가능했는지 상상이 되지 않는다. 하지만 모로코정부는 단지 관광목적에서 관리할 뿐 역사적 의미는 크게 두지 않았다. 더구나 모로코선조들의 땅 세우타, 멜리아와 일부 도서지역을 아직까지 스페인이 점유하고 있다. 흡사 옛 고토 간도 · 녹둔도가 우리 선조들이 제대로 '악'소리도 내어보지 못하고 청과 러시아에 넘어간 것과 비슷하다. 두 국가간 영유권문제가 가끔 불거지는 '세우타'는 지브랄탈 해협의 전략요충지다. 그리고 중동 · 아프리카난민들의 유럽탈출 중간기착지이기도 하다. 내일은 탕헤르에서 자동차로 한 시간 거리인 스페인령 '세우타'로 가보기로 계획했다.

성채내부 마을 골목길은 전쟁에 대비 좁게 설계되어 있다.

세우타

Ceuta

피·땀으로 쌓아 올린
스페인의 '세우타' 요새

한국 비무장지대와 흡사한 세우타 국경 지역

넓은 불모지, 철책선, 순찰도로! 한국 DMZ전경이 아니다. 지구 반대편 스페인(세우타)·모로코 국경선 모습은 휴전선과 너무나 흡사하다. 한반도 철책선은 쌍방 100만 정규군이 일촉즉발의 전쟁 가능성을 두고 대치하고 있다. 하지만 세우타 국경은 필사적으로 밀입국하려는 난민차단용 단순 장애물이다. 수천 리 험로를 거쳐 모로코 산맥까지 온 수많은 아프리카·시리아난민들이 호시탐탐 밀입국을 위해 철책 인근에서 은거하고 있다.

스페인은 난민 인권을 우호적으로 존중하는 국가다. 밀입국 후 난민인정을 받으면 유럽 각국 정착이 가능하다. 수백 명의 예멘 난민이 수만리 바닷길을 거쳐 제주도에 일시 상륙하여 난민 인정을 받으려는 것과 유사하다. 모로코→세우타(스페인) 입국장은 시장통 분위기다. 일용직으로 매일 세우타로 출퇴근하는 모로코인만 15,000여명. 세관

국경지역 불모지와 경계초소 뒤편에 세우타가 위치한다

원외 밀입국자 색출을 위한 양국 경찰도 국경 근처에 쫙 깔려있다.

이런 곳에서는 은근히 대한민국 여권에 자부심을 느낀다. 한국인 중 모로코·스페인으로 밀입국하려는 사람은 없다. 세관원 역시 한국 여권을 보자마자 스탬프를 '꽝' 내려 찍는다. 국가 위상에 따라 그들의 태도는 확연하게 다르다. 국력 차이는 돈을 따라 민초들이 어느 곳으로 쏠리느냐를 보면 금방 느낀다.

모로코 연 개인소득은 스페인·한국의 1/10 수준. 세우타 모로코인은 대부분 가정부, 식당종업원으로 일한다. 똑같은 직종의 스페인 사람에 비해 턱없이 낮은 일당을 받는다. 본국보다 높은 임금의 일자리가 있다는 자체가 모로코인에게는 감지덕지다. 외국인 노동자의 최저 임금적용을 논하는 한국 실상은 이들에게는 꿈같은 이야기다. 지브롤터해협의 전략 요충지 스페인령 세우타(Seuta). 모로코가 반환을 요구하지만 스페인은 눈도 꿈쩍 않는다.

포르투칼 대항해 시대의 첫 기착지 모로코령 세우타

1415년 7월 25일, 포르투칼 국왕 주왕 1세는 세 왕자와 2만 병력, 200척의 함정을 거느리고 리스본항을 출항했다. 목표는 북아프리카 세우타. 유럽 · 아프리카 최단 해협 거리는 불과 13Km. 이 해협에서 교역 · 전략 요충지가 바로 세우타였다. 8월 21일, 스페인 남부를 장악한 최후의 이슬람왕국 생명선 세우타항구가 급습을 당했다. 배로 실어온 수백문 화포로 집중 포격 후 포르투칼 세 왕자가 앞장서서 성 안으로 돌진했다. 훗날 포르투칼제국의 초석을 쌓은 항해왕 '엔히크' 왕자가 발군의 능력을 보였다.

13시간의 혈전 끝에 마침내 세우타는 포르투칼 수중으로 떨어졌다. 그리고 지중해 · 아프리카의 전진 발판이 되었다. 무기의 우세가 결코

유럽과 아프리카를 분리시켰다는 신화속의 헤라클라스 동상

전승요인이 아니었다. 신세계로 향한 포르투칼인의 뜨거운 열정이 막강 이슬람 군대를 꺾었다. 아랍인들의 성터 위에 포르투칼인들은 철옹성을 쌓았다. 개인은 열정이, 국가는 미래 비전이 사라지면 곧 침체된다. 지나간 인류역사가 이 진리를 증언한다. 세우타에 잔류한 3,000명의 포르투칼군은 아예 가느다란 반도의 허리를 끊어 운하를 낀 성채를 완성했다. 대항해 시대 신천지를 향한 욕망이 얼마나 뜨거웠던가는 바닷가의 웅장한 요새를 보면 금방 깨닫는다. 1480년 스페인이 포르투칼을 병합하면서 세우타는 새주인을 맞았다. 스페인 역시 세계의 제국 답게 더욱 과학적으로 성곽을 보강했다. 시내 중앙요새 뿐만 아니라 항만 주변 곳곳에 성채를 쌓았다.

500년이 지난 지금도 이런 요새에 스페인 국기를 휘날리며 현역부대가 주둔한다. 흡사 북한산성·남한산성에 수방사 병력이 상주하는 듯한 모습이다.

세우타 항만 방어를 위해 건설된 해안가의 성채

경제력 수준에 따라 정해지는 국제 사회의 국민 등급

모로코와 스페인인 삶의 수준은 하늘과 땅 차이. 약 8만 인구가 거주하는 세우타는 외곽 산악지역을 제외하고는 명동거리와 똑같다. 깔끔한 식당에서 여유롭게 외식을 즐기는 가족들을 쉽게 볼 수 있다. 경제적 어려움을 겪고 있는 스페인이지만 선조들이 물려준 국가 자산은 엄청나다. 또한 세계를 제패했던 제국의 후손이라는 자부심도 강하다. 유럽·아프리카 대륙을 쪼겠다는 '헤라클레스' 신화 동상을 지나 중심부로 들어가면 아랍·포르투칼·스페인의 총체적 축성기술로 완성된 웅장한 '세우타'요새가 나타난다. 이 성터에서 유적 발굴을 하면 세 민족 삶의 흔적이 동시에 발견되곤 한다. 성벽에는 처절했던 전투 장면 비각들이 곳곳에 있다. 붕대로 머리를 감싼 부상병, 화약을 운반하는 치마차림의 여성, 칼을 뽑아들고 군관민을 독려하는 지휘관! 1400년대 이후 이곳 요충지를 지키기 위해 얼마나 많은 피땀을 쏟았는지 능히 짐작이 된다.

세우타 시내를 관통하는 운하 옆의 포르투칼 성채

수백년 전 세우타를 방어하기 위한 경계망루

멀리서 본 세우타 시내와 항구 전경

강대국 국민들의 열정이 느껴지는 철옹성 세우타요새

철옹성은 육지를 갈라 양쪽 요새에서 융통성있는 작전이 가능토록 설계했다. 성벽 높이 2~30m, 수십개의 화포진지, 내부 성곽벽의 대형화약통. 난공불락의 이 요새는 스페인이 단 한 번도 적에게 빼앗긴 적이 없다. 이곳에서 4~5Km 전방 외곽 능선에는 8개의 대형 경계망루가 있다. 육지로부터 접근하는 적을 조기경보하기 위한 초소다. 외관규모로는 2~30 여명의 병사들이 주둔했을 것 같다. 중세시대의 GP 진지다. 망루에서 멀지 않은 곳에 현재의 국경 철책이 있다.

┌─ **Trip Tips** ────────────────────────────
│ 세우타 외곽도로를 자동차로 일주하는데 대략 30~40분이 소요된다.
└──────────────────────────────────────

스페인은 또한 모로코 영토내 항구도시 '멜리야'를 점령하고 있다.

모르코는 식민지 시대 종식에 기인한 영토 반환을, 스페인은 수백년 점유한 역사적 근거를 소유권 논리로 내세운다. 하지만 스페인은 자기영토에 붙어있는 영국령 '지브롤터'에 대해서는 정반대 논리로 반환을 요구한다. 국제 사회에서 '내로남불'의 억지논리는 공공연하다. '힘이 있다면 실력으로 빼앗아 가보던지…'라고 은근한 협박도 예사다. 수백 년 동안 선열들의 피·땀으로 지켜온 땅을 스페인은 절대 양보하지 않으리라. 세우타 성곽부지 일부분은 영외 거주 장병숙소로 활용되고 있다. 군이 정신교육을 하지 않아도 선배 장병들이 어떤 희생을 치르면서 이 요새를 지켜왔는지 스페인군은 잘 알고 있다. 작은 도시 세우타에는 성곽박물관을 포함하여 수개소의 군사유적전시관이 있다. 소요시간을 고려 향토연대박물관과 제54 보병연대역사관을 우선 답사해 보기로 하였다.

스페인 제54 보병연대의 110년 역사

부대 역사와 전통을 소중히 여기는 스페인 군대

1911년 세우타에서 창설된 스페인군 제54연대! 모로코전투 · 스페인내전 · 2차세계대전(자원자) · PKO 등 근 · 현대 스페인군이 걸어온 110년 발자취가 역사관에 오롯이 보존되어 있다. 현재도 세우타에 현

유럽—아프리카 사이의 세우타 위치

역부대로 주둔하고 있다. 시내관광 안내 책자의 정규군 연대박물관(Museum of Regular Regiment)은 현역부대 안에 있었다. 100여 년 전 성문을 부대정문으로 쓰고 있다. 영내 출입은 까다롭고 번거럽다.

스페인 제54보병연대 부대마크

Trip Tips

위병소 초병은 어딘가 전화 후 정문 밖에서 한없이 기다리게 만든다.널리 홍보는 했지만 방문객 편의는 전혀 고려치 않는다. 거의 1시간이 지난 후 안내병사가 나타났다.

창설 이래 똑같은 주둔지 사용으로 병영은 낡았고 영내는 협소했다. 연대본부와 직할부대만 있고 예하대대는 영외에 있다. 역사관건물은 병영막사를 개조하여 꾸며져 있다. 입구에서 앳된 여군 하사가 반갑게 맞이한다. 왼팔 완장은 '보안담당관'을 의미하는 듯 했다. 오래간만에 나타난 외국인이 신기한 모양이다. 최선을 다해 안내하려고 애쓰며 촐랑거린다. 다소 장난기까지 스러있다. 근무병사나 '촐랑이'도 영어가 능숙치 못하다. 처음 간 곳은 소파와 간단한 티테이블 몇개가 놓여있는 간부 휴게실. 느닷없이 '촐랑이'가 자신의 빨간 군모를 벗어 씌워주며 기념사진을 찍어준다. 잠시 후 듬직한 덩치의 박물관장 '산도스(Sandos)'상사가 들어왔다. 군생활 26년차이며 곧 마드리드로 전출 예정이란다. 제 54보병연대는 세우타방어 주력부대였다. 연대를 중심으로 다양한 예하부대가 창설·해체를 반복하다가 현재는 연본과 수개의 보병대대만 남았다.

역사관에는 스페인 현대사 비극을 그대로 전시

전시관에는 1900년대 초부터 현재까지의 군복·무기, 참전역사, 주요사건, 사진류 등이 다양하게 비치되어 있다. 제2차 세계대전 시 중립국 스페인도 자원자들로 편성된 1개 사단이 독일군에 가담하여 참전했단다. 의외의 사실이다. 스페인군을 지휘했던 독일군 장교군복까지 보존하고 있다. 프랑코 장군도 대위 시절 중대장으로 이 연대에서 2년간 근무했다. 그의 흉상과 복무기록 원본이 비치되어 있다.

장군으로 진급한 프랑코는 1936년 스페인내전 시 아프리카군단을 이끌고 세우타항에서 출전했다. 당시 출항 장면 역사화까지 있다. 제54연대는 모로코 점령시기 부대원은 간부를 제외하고 대부분 현지인들로 구성했다. 연대군모는 아프리카 전통을 고려 원통형 빨간모자에 동그란 리본을 매단 형상이다. 창설 초기의 군모는 지금도 사용되고 있다. 숱한 전투상황도·인물화와 다양한 군사유물이 실내를 꽉 채웠다. 전시관 관람 후 박물관장은 야외전시물을 소개했다. 부대 울타리에는 150mm 대형 해안포가 전시되어 있다. 1940년대 이후 세우타 해안에서 운용했던 화포다.

 사열대 앞 부대행사 연병장은 협소했고 시멘트바닥이다. 막사 전경이 나오지 않는 조건으로 야외촬영까지 배려해 준다. 병영 사무 공간은 낡았지만 장병생활 시설은 전혀 불편함이 없도록 개·보수 되어 있단다. 산도스와 '촐랑이'가 나타나자 끽연 중인 병사들이 일제히 부동자세를 취하거나 손바닥이 보이는 거수경례를 한다. 엉성하게 보이는 스페인군대지만 기본적 군기는 살아있다.

옛성곽을 본뜬 제54보병연대 부대정문

제 54보병연대의 부대변천사

한국과 다른 안보 여건에서의 스페인군 모병제

2000년 이후 스페인은 징병제를 폐지하고 모병제로 전환했다. 지원
병 월 급여는 1,300유로(한화 172만원) 수준. 식대 · 주거비는 병사 본
인부담이다. 한국군 전문하사 봉급과 비슷하다. 여군 비율도 12%에
달한다. 이 정도 처우로 모병제 유지가 된다는 것이 신통했다. 일과
후 병사들의 퇴근은 보장되며 사생활 통제도 거의 없다. 대부분의 잡
역은 민간 인력이 지원한다. 정문으로 나오는 도중 야외훈련을 마치
고 복귀하는 완전군장 차림의 1개 소대 규모의 병력을 만났다. 수염을
제멋대로 기른 중년 병사로부터 군장에 파묻힌 작은 키의 여군에 이
르기까지 다양하다.

스페인군 총병력은 140,000명, 주임무는 테러 예방과 PKO활동이

다. 즉 저강도 분쟁을 전제로 유지하는 군대다. 우수인력을 바탕으로 정규전 대비 강력한 군대육성을 위한 국가적 의지는 없는 듯 했다. 한때 세계를 제패했던 제국의 군대도 국가 경제가 뒷받침을 못하니 안타깝게도 현상유지에만 급급하다. 박물관장 아내는 세우타 주둔부대의 여군 부사관이다. 산도스 상사가 마드리드로 전출가면 또 별거를 해야 한단다. 가족질병·간호 등 특별한 사유가 아니면 부부 군인 동일근무지 혜택도 전혀 없다.

병사들 역시 일정 기간 복무 후 전역해도 정부의 재취업 지원도 없다. 청년 실업자가 넘치는 스페인은 모병병사에게 신경쓸 여력이 없는 모양이다. 핵·화학·생물학무기를 갖춘 북한군과 대치하고 있는 한국의 안보 현실은 유럽과 판이하게 다르다. 이를 무시하고 정략적 차원에서 상비병력 30만에 '300만원 월급수준'의 모병제 운운이 얼마나 비현실적인가를 느끼게 한다. 손흥민 급 축구선수 3명과 조기축구회 11명이 시합을 하면 과연 어느 편이 이길까?

연대역사관의 스페인군 군복변천과정 전시물

스페인군 제54 보병연대 주둔지 조감도

스페인제국의 군사 유적 곳곳에 박물관으로 보존

세우타에는 또 다른 해체부대 '연대박물관'이 있다. 1956년 모로코가 독립하자 세우타로 주둔지를 옮긴 부대의 역사관이다. 이후 그 부대는 해체되었지만 전시관은 숱한 전쟁영웅과 스페인의 아프리카전쟁역사를 소개하고 있다. 역사관 앞 부대기념 동상은 현대식 소총을 파지한 병사가 양 한마리와 같이 행진하는 모습이다. 국민의 생명·재산수호를 상징하는 듯 했다.

최근 한국군도 매년 많은 사단·군단들이 해체되고 있다. 수십·수백만 젊은이의 땀·눈물·헌신을 증언하는 해체 부대 역사관 존안 문제를 진지하게 생각해 볼 필요가 있다. "제대하면 그곳을 보고 xx도 싸지 않는다!"라고 쉽게 이야기한다. 그러나 그 전역 병사 개개인의 힘들었던 사연 자체가 대한민국을 지켜온 고귀한 헌신이였음을 아무도 부정할 수 없다.

아프리카 주둔부대의 역사를 알려주는 군사박물관 입구

후 기

해외 전사적지 답사 중 가장 어려웠던 것은 역시 교통편이었다. 군사박물
관에서 그 국가의 전사적지 위치를 세부적으로 파악하고 주로 기차나 버스
를 이용하여 목표 지역에 가장 근접한 도시에 도착하곤 했다. 그러나 문제
는 주로 오지에 있는 현장에 가기 위해서는 택시, 자전거, 도보 등의 방법을
택할 수밖에 없었다.

때로는 같은 목적지의 여행자를 만나기도 하였으나 동행하기 쉽지가 않
았다. 또한 유럽의 전사적지 기념관은 1주에 2–3회 개방하는 경우가 허다
했다. 어렵게 현장을 찾았으나 기념관이 문을 닫거나 일시적으로 폐쇄되어
있는 경우도 있었다. 만약 관리자가 있을 경우에는 동양의 '코리아'라는 나
라에서 이 곳 답사를 위해 어렵게 왔으니 부분적으로나마 개방해 줄 수 없
느냐고 사정하면 가끔씩은 호의적으로 받아주기도 하였다.

아울러 숙소와 식사문제 해결도 쉽지 않았다. 물론 매번 이동할 때 콜택
시를 부르고 근처에서 가장 쾌적한 호텔에 투숙하면 모든 문제는 깨끗하게
해결된다. 그러나 이런 여행은 1달 간의 답사를 1주일로 줄여 일반 관광단

체팀에 합류하는 것과 동일하다. 필요한 정보는 인터넷을 통해 정리하면 될 것이고…. 최소의 비용으로 최대로 많은 전적지와 생생한 현장감을 느껴보고자 원했기 때문에 다소 고생스럽더라도 배낭여행을 할 수 밖에 없었다.

특히 군사박물관이나 전사적지 현장에서 만난 참전자나 그 후손들과의 대화는 여행의 진미를 더하게 했다. 미국을 포함한 선진 군사강국의 여행객들이 압도적으로 많았지만 그들의 전쟁 인식을 부분적으로나마 파악할 수 있었다. 중동지역에서 쉽게 만날 수 있는 이스라엘, 이집트, 팔레스타인, 요르단 등의 젊은 군인들을 통해 그 나라의 병역제도, 신세대의 국가관 등을 알 수 있었던 것도 큰 성과였다. 제한된 시간과 언어 소통의 미숙함을 극복하기 위해 대화 내용을 수첩에 기록하여 상대에게 그림, 숫자 등을 보여주며 확인하기도 했다.

프랑스 스당 지역의 전사적지를 답사하면서 1930년대 축조된 주변 산턱에 있는 견고한 중대본부용 벙커에 들어 가 보았다. 마지노 방어선의 북단으로 흡사 한국의 휴전선 방어진지 벙커와 너무도 흡사했다. 단지 스당의 벙커는 약 80여 년 전 독일군 침공에 대비하여 만들어졌고 한국의 전방 벙커는 40여 년 전 북한의 공격에 대비하여 만든 것이 다를 뿐 이었다.

1980년대 초 영하 20도를 오르내리는 추운 겨울, 강원도 양구 북방의 최전방 산꼭대기에 구축된 중대본부용 벙커에서 수시로 숙영하며 훈련을 한 적이 있다. 찬바람이 사정없이 총안구 안으로 몰려오면 모포와 판쵸우의로 병사들과 몸을 감싸고 추위와 싸우기도 하였다. 그런데 이 곳 프랑스와 독일의 국경 지대에도 너무나도 똑같은 형태의 벙커가 수도 없이 널려 있었고 당시의 프랑스 장병들이 자기의 조국을 지키기 위해 피눈물 나는 고생을 했을 것이라 생각하니 만감이 교차했다.

프랑스 알사스 로렌지역의 독일군 게트랑제 요새도 마찬가지였다. 지금으로부터 약100여년 전, 독일은 프랑스의 침공에 대비하여 10년 간의 대역사 끝에 거대한 방어진지를 만들었다. 요새 벽의 콘크리트 두께는 4m였고 약 2,000여 명의 장병들이 프랑스 국경 지역을 내려다보며 항상 전투준비를 하고 있었다. 요새를 중심으로 넓게 퍼져있는 교통호와 개인호는 현재 한국의 전방진지보다 더 완벽한 방호시설을 갖추고 있었다. 즉 교통호속의 소총병을 공중폭발 포탄으로부터 보호하기 위해 뚜꺼운 철판으로 상부를 덮은 개인호를 군데군데 설치하였다.

이런 거대한 요새 구축을 위한 공사 과정도 현지 기념관에 사진으로 잘 전시하고 있었다. 대형 화포를 기중기와 인력으로 산으로 옮기는 장면, 국경지대와 요새 간의 전술 도로 개설을 위해 개미떼처럼 달라붙은 수만 명의 공사장 인부, 요새 외곽 방어를 위한 거대한 해자 건설 등 당시 독일의 전 역량을 자신들의 생존을 위해 쏟아 붓고 있는 느낌이 절로 들었다.

그러나 우리나라의 경우 조선시대의 성곽축성 이외 근현대 역사 중 모든 국가역량을 결집하여 만든 군사유산은 찾아보기 힘들다. 얼마 전 과거 한국 전쟁 당시 북한군 공격으로 구멍이 뻥뻥 뚫린 38선 부근의 벙커가 도로확장으로 철거 위기에 놓인 적이 있었다. 6·25전쟁 시의 벙커 존폐 여부를 두고 논란이 생기는 것을 보고 우리의 전쟁유산 인식이 어느 수준인가를 느

가족들과 함께하는 이스라엘군 부사관 임관행사장

낄 수 있었다. 다행히도 이 6·25 벙커는 아직도 남아 있는 것으로 알고 있다.

　수년 전 필자는 중동지역 전적지 답사 간 우연한 기회에 이스라엘군 분대장 임관식을 참관하게 되었다. 이스라엘의 병역제도는 남성은 36개월, 여성은 24개월 의무적으로 군복무를 한다. 군복무간 병사들 중 가장 우수한 남녀 군인들을 선발 4개월 간의 분대장 교육 과정을 거친 후 초급 부사관으로 임관시킨다. 넓은 광장에 모인 천여 명의 임관자들과 그 이상의 가족들로 행사장은 인산인해를 이루었다.

　자신의 딸이 어려운 훈련 과정을 끝내고 마침내 부사관이 되었다고 자랑하는 어머니와 자매들, 그리고 1973년 10월 전쟁 참전용사인 아버지가 아들의 계급장을 어루만지며 감격해 하는 모습 등에서 많은 것을 느꼈다.

　내친 김에 참전용사에게 팔레스타인, 아랍국가, 이스라엘 관계에 대해

부사관으로 임관하는 딸을 현수막으로 격려하는 어머니

물었다. 답변인즉 "우리는 아랍국가, 팔레스타인과의 전쟁에서 밀리면 지중해, 갈릴리 호수에 빠져 죽습니다. 우리 선조 600만 명이 가스실에서 죽어 갈 때 당신네 나라에서 어떤 도움을 주었습니까? 인류애, 세계평화, 국제관계 등도 우리가 생존하고 난 다음의 이야기요" 그들은 "힘이 없는 평화 구호는 한낱 공염불에 지나지 않는다!" 진리를 뼛속 깊이 깨닫고 있는 듯하였다.

적어도 이스라엘인들의 상무정신과 애국심은 세계 어느 민족보다도 투철하며 주변 어느 국가든 이스라엘을 무력으로 굴복시킨다는 것이 불가능하다는 것이 분명했다. 군의 초급 간부 임관을 전 국민들이 축하해 주는 분위기니 장교 임관은 아마 '가문의 영광'으로 생각하고 있을 것이다.

왜 안보적 상황은 한국과 이스라엘이 너무도 비슷한데 국민들의 군에 대한 인식은 왜 이렇게 다를까? 역사적으로 우리 국가의 지도층은 "전쟁과 생

골란고원 국경을 순찰 중인 이스라엘 여군 분대장

존"의 문제는 자신들과는 아무 관계가 없는 것으로 생각했다. 우리는 조선시대 이후 단 한 번도 스스로 나라를 지켜본 경험이 없었다. 조선은 '문존무비(文尊武卑)' 사상의 팽배로 정치지도자들과 양반계급의 상무정신은 사라지고 국방력 강화는 먼 나라의 이야기로만 생각하고 있었다.

아래에 제시하는 조선시대의 역사적 사례가 그 당시 국가안보에 대한 지도층의 사고를 나타내는 것 같아 씁쓸한 기분을 숨길 수 없다.

"조선시대 과거제도는 문과(文科: 행정고시), 잡과(雜科: 기술고등고시), 무과(武科:군 간부 선발고시)가 있었다. 문과와 잡과에는 조선의 청년들이 구름같이 몰려들었다. 그러나 사대부 집안의 자제가 무과에 응시하는 것은 가문의 수치로 여겼다. 오죽 하면 이순신 장군도 수시로 '내 자손들만큼은 절대 무과에 응시하지 말라'라고 이야기했다. 덕수 이가(李家) 집안에서 오늘날까지 전해 내려오는 이야기이다(출처: 조선의 부정부패와 멸망의 길)"

결국 조선은 국가 지도층의 국가안보에 대한 무관심으로 결국은 썩은 고목나무 쓰러지듯이 허망하게 무너지고 말았다. 어쩌면 오늘날 군에 대한 사회적 인식이 과거 조선시대와 비슷하지 않을까? 하는 생각이 들기도 한다. 부디 필자의 기우이기를 바란다.

이처럼 세계 전쟁유적지를 답사하다 보면 자연스럽게 여행자는 한반도의 지정학적 운명에 대해서 깊게 고민하는 순간을 갖게 된다. 결국 우리 민족의 미래 생존을 위해 지혜로운 외교정책과 강한 국방력의 필요성을 스스로 절실하게 깨닫게 되는 것이다. 특히 국가안보문제에 대해 점점 더 관심이 소홀해져 가는 신세대들이 세계여행 중 이같은 전사적지 답사를 통해 애국심과 호국정신이 고양되기를 기대하는 마음도 간절했다.

앞으로 미처 답사하지 못한 아프리카 · 북미 · 중남미의 전쟁유적을 직접 확인하고서 '세계의 전사적지를 찾아서' 시리즈를 완결할 계획이다. 또한 답사를 마친 아시아 및 기타 국가들의 자료는 집필 작업을 계속 중에 있다. 아무튼 세계 전사적지 시리즈 발간을 통해 국민들이 우리의 생존을 위해 전쟁 역사에 대해 좀 더 관심을 갖는 계기가 되기를 바란다. 또한 전쟁사에 관심을 가진 독자들이 해외여행 시 본 내용을 참고하여 전쟁유적을 직접 방문하는데 조금이라도 도움이 된다면 이 책의 출간 목적은 100% 달성되었다고 필자는 만족할 것이다.

찾아보기

신종태 교수의 테마기행 시리즈

제1권 서유럽·북유럽

최강 부대 코만도 수백 개 군사박물관 즐비한 영국! | 워털루의 세계 최고 **대영제국박물관** | **국회의사당** 안에 안장된 무명용사들과 160만 명 전·사상자 | 노르망디 상륙작전 **프랑스** | **캉 전쟁기념관**에서 만난 1억 명의 연합군 전·사상자 | 프랑스를 넘어뜨린 완벽한 요새 **마지노라인** | 노블리즈 오블리주의 발상지 **깔레** | 독일의 역사반성, 베를린 **유대인학살박물관** | 히틀러의 애인 **에바 브라운의 최후** | **비스마르크** 어떻게 프랑스를 격파했나? | 영세중립국 **스위스**의 평화, 그 뒤에 숨겨진 땀과 눈물 | 제1차 세계대전 신호탄 **사라예보의 총성** | 영화 '사운드 오브 뮤직'과 **잘츠부르크** | 80년간 단 하루도 거르지 않고 추모 행사를 하는 **벨기에** | 풍차 뒤에 가려진 전쟁 참화 **네덜란드** | '안네의 일기'와 **암스테르담 레지스탕스박물관** | 영화 '머나먼 다리'의 **아른헴** 대교 목숨을 줄망정 양보는 없다 | 700명 군대의 나라 **룩셈부르크** | **한국전쟁** 참전 경쟁률 10대 1이었던 이유 | 한국전쟁의 천사 **유틀란디아** 병원선 | 전쟁 막은 **스웨덴의 고슴도치 전략** | 핀란드 **스오맨린나섬 군사박물관** | 한국 여행객 넘쳐나는 **헬싱키 마켓광장** | 히틀러에게 가장 먼저 짓밟힌 **노르웨이** | **베르겐 육군박물관**과 특수공작원 | 한국 여행객이 누비는 군대 없는 **아이슬란드** | 영국과 "날 죽여라!" 바다 고기 **대구전쟁**

제3권 중동·태평양·대양주·아시아

골란고원에서 만난 여군 분대장 | 애국심의 상징 스파이 **엘리 코헨** | 사상 최대의 전차결전장 **눈물의 계곡** | 팔레스타인 청년의 분노와 **이스라엘 여경** | 팔레스타인 소년의 맑은 눈동자 | 요르단의 **아라비아 로렌스 군사박물관** | 세계 최대 전차박물관 **라트룬 요새** | 터키의 국부, 케말 동상 가득한 앙카라 거리 | 산길을 뱃길로 만든 영웅, **술탄과 1453 박물관** | '형제의 나라' 되새기는 **한국전쟁기념전시관** | 100년 항공 역사 **터키공군사박물관** | 고래싸움에 새우등 터진 **레바논내전 역사** | 처절했던 **레바논내전 비극의 현장** | 클레오파트라의 최후 독사가 정말 그녀를 물었을까? | 28년 투항거부한 **패잔병 요코이** | 전쟁터에서 만난 미국 청년들 | **사이판 한국인 추모비**와 망국의 서러움 | **일본군 벙커**, 방공호, 전차 잔해 곳곳에 | 미군 승전비와 천 길 **자살절벽** | '아이고!'를 기억하는 **티니언** 원주민 | 365일 단 하루도 빠지지 않는 **호주의 참전용사 추모행사** | 일본군에 침공 당한 호주 북부 **다윈** 전쟁의 흔적 | 신이 숨겨 논 축복의 땅 **뉴질랜드**, 거기도 전쟁유적 산재 | 100년 **오클랜드 땅굴 요새**, 국립 역사유적지로 보존 | 분쟁의 땅 **카슈미르 테러**, 전 인도인 분노의 불길에 | 세계 최빈국 **방글라데시**, 300만 양민 희생의 독립전쟁 | **미·북 최초의 격돌지** '태극기 휘날리며' 미국판 현장 | **마틴 대령** 육탄으로 적 전차 앞에 서다 | 국민들의 미 **킬패트릭 일병 구하기** 전설 같은 감동 | 적 전차에 맞선 **섬진강 학도병** | 전국 최초 의병 발상지 충절의 고장 **의령** | 낙동강 최후전선—**함안** | 휴전, 그러나 **지리산의 또 다른 전쟁** | 해병대 발상지와 대양 해군의 본항 **진해** | 발길 닿는 곳곳에 전쟁 상흔 남아있다 **부산** | 보도 듣도 못한 한국 위해 싸운 UN군 전적지 **용인시 터키군 스토리** | 북녘 땅이 손에 잡히는 신비의 섬과 전쟁 **백령도**

저자 신종태

학력
- 육군사관학교 졸업(이학사)
- 연세대학교 대학원 행정학과 졸업(행정학 석사)
- 영국 런던 King's College 전쟁학과 정책연수
- 국방대학원 안보과정 졸업
- 충남대학교 대학원 군사학과 졸업(군사학 박사)

경력
- 현 통일안보전략연구소 책임연구원
- 현 융합안보연구원 전쟁사 센타장
- 현 육군군사연구소 자문위원장
- 조선대 군사학과 초빙교수
- 육군교육사 지상전연구소 연구위원

- 국가보훈처 "6·25전쟁 영웅" 심의위원
- 합동군사대학교 군전임교수
- 충남대/국군간호사관학교 외래교수
- 합참 전략본부 군구조발전과장
- 육본 작전참모부 합동작전기획장교

저서 및 주요논문
- 세계의 전사적지를 찾아서 1·2권
- 대화도의 영웅들
- 논문 : 『6·25전쟁과 대북유격전 연구』, 『북한 급변사태시 대비 방향』, 『미래 한반도전쟁시 특수작전 발전방안』 등 다수

신종태 교수의 테마기행
세계의 전쟁 유적지를 찾아서 ②
동유럽·남유럽·북아프리카

2020년 11월 5일 초판인쇄
2020년 11월 10일 초판발행

지은이 : 신종태
펴낸이 : 신동설
펴낸곳 : 도서출판 청미디어

신고번호 : 제2020-000017호
신고연월일 : 2001년 8월 1일

주소 : 경기 하남시 조정대로 150, 508호 (덕풍동, 아이테코)
전화 : (031)792-6404, 6605
팩스 : (031)790-0775
E-mail : sds1557@hanmail.net

Editor 고명석, 신재은
Designer 박정미, 정인숙, 여혜영

ISBN : 979-11-87861-42-3 (04980)
        979-11-87861-40-9 (04980) 세트
정가 : 18,000원